超次元・聖戰・多重宇宙

科幻作品中的科學視野與人文思考

李偉才

李偉才兄告知他的新書《超次元・聖戰・多重宇宙》即將出版，我是非常雀躍及期待。偉才兄是香港科普前輩、先行者，在香港這個重商輕理的社會，尤為可貴。世事紛亂，偉才兄的新書是一道清泉，可引發思考，我誠意推薦。

——**朱明中**／香港中文大學物理系教授

能夠將科學概念融入文學之中，實屬難得一見之佳作。

——**余海峯**／德國馬普地外物理研究所博士，香港大學理學院講師

靈界？結界？──超次元空間與時空褶曲

讓我們先從空間的「維度」（dimensionality，又稱「因次」或「次元」）出發。我們都知道我們身處的空間擁有三個維度，以事物的大小而言便是它的「長、闊、高」，以定位而言就是數學中的 X—軸、Y—軸和 Z—軸上的位置。之所以「立體電影／電視」又稱為「3—D 電影／電視」。

但「每事問」和想像力豐富的人很早便質疑：為甚麼空間一定要是「三維／三次元」的呢？為甚麼不可以是較少的兩維，或是較多的四維、五維甚至六維呢？

早於一八八四年，英國一位中學校長兼牧師埃德溫·艾勃特（Edwin Abbott, 1838-1926）便寫了一本名為《平面國》（*Flatland: A Romance of Many Dimensions*）的小說，其間描述了一個只有兩度空間的國度，以及其內因為形狀不同而身份地位不同的國民。艾氏原本的目的，是借這個虛構國家對維多利亞時代的階層制度作出嘲諷。然而，真

正令小說留存後世的，卻是它有關空間維度的大膽想像。

　　不用說，最為引人入勝的臆想，不是「三維」以下的「兩維」甚至「一維」空間，而是「三維」以上的「超次元空間」（hyper-dimensional space）。其中的經典作品，是美國科幻作家羅伯特・海萊因（Robert A Heinlein, 1907-1988）於一九四一年所寫的輕鬆惹笑中篇故事〈他蓋了一幢歪房子〉（And He Built a Crooked House）。故事中的建築師受好友所託，要在洛杉磯市郊的山麓上起一幢與別不同的房子，結果他突發奇想，按照「四度空間中的『超立方體』在三度空間中的投影」這個概念起了一幢奇形怪狀的別墅。就在他要帶朋友看他的傑作前一晚，洛杉磯發生了一趟不大不小的地震。第二天，他驚訝地發現，房子完全變了形，而他和朋友夫婦內進後，竟然發現之內的通道四通八達而且到處別有洞天，所及之處遠遠超越了房子的大小。建築師的猜想是，地震導致短暫的「時空錯脫」，結果「投影」「捲起來」變成了一個真正的「超立方體」（hyper-cube）。小說中，「打開一扇門即去到一個奇異偏遠的地方」這個構思，往後被無數的作品所抄襲。著名的例子包括多啦 A 夢的「隨意門」，以及美國電腦動畫《怪獸電力公司》（*Monsters, Inc.*，港譯：《怪獸公司》）等。

大半個世紀以來，科幻作家之對「超次元空間」感到興趣，除了因為它可以帶來趣味盎然的故事外，還因為它可以突破科學界限，令人類克服浩瀚的星際距離，使人類未來的歷史——亦即無數精彩的科幻故事——可以在遼闊的星際舞台上展開。

　　之說可以突破科學界限，是因為按照愛因斯坦的**狹義相對論（Theory of Special Relativity）**，光速乃宇宙中最高的速度，而且除了光本身，任何物體也永遠無法達至光速。當然，原則上我們可以把物體加速至光速的 99.9999…%，以至在實際來說，物體的速度跟光速沒有分別。但姑勿論這在技術上是如何的艱鉅和不合理（例如需要把整個銀河系轉化為能量才能推動一艘像《星際大戰》〔港譯：《星球大戰》，*Star Wars*〕中的「千年鷹號」〔港譯：千年隼，Millennium Falcon〕那麼小的太空船），對於要發動星際大戰或建立起銀河帝國的作家來說，這仍然是無濟於事的。

　　為甚麼這樣說？原因在於，相對於日常生活的經驗來說，光的速度雖已是大得難以想像，但相對於浩瀚的星際空間，卻有如蝸牛爬行般慢。就以離太陽系最近的恆星**南門二（Alpha Centauri）**來說，光線來回往返一趟便需要八年多。而稍為遠一些的恆星如織女星、五車二、北極星和

參宿四等,光線就是單程也要數十至數百年才能跑畢全程。而這已是我們最親密的近鄰!

我們身處的銀河系,擁有恆星超過三千億顆,從一端到另一端的直徑達十萬光年,而太陽離銀河中心三萬光年,距邊緣也達二萬光年。試想想,就算我們能製成一艘以光速飛行的太空船,往銀河中心的議會開會一趟,來回便要六萬年,不要說帝國,就算是最鬆散的星際聯邦也只能是天方夜譚。

一個無可避免的結論是,要使星空成為人類未來的歷史舞台,必須能夠找到一種超越光速的旅行方法。但問題是,以「科學」幻想作為標榜的科幻小說,不能無視於相對論所論證的速度極限。要科幻作家煞有介事地推翻相對論,並詳細解釋相對論錯在哪裡,實在超乎情理的要求。而大部分科幻作家,亦不會作此愚蠢的嘗試。他們的策略,是指出相對論只是論證了光速乃空間中的速度極限,如果我們能夠進行不穿透空間的旅程,我們不是可以不受這個極限的束縛嗎?

不穿透空間的旅程?這不是自相矛盾的文字遊戲嗎?在牛頓的宇宙體系中,這確是荒謬透頂的夢囈。但在量子力學和相對論的奇妙世界裡,就是物理學家也不敢謬然把

這觀念斥之為荒誕或絕無可能。在量子力學中，電子在「能階」與「能階」之間的躍遷（energy state transitions），不是也可不經過任何的中間狀態嗎？而在著名的「隧道效應」（tunnelling effect）之中，電子不也可以無須超越電場壁壘而奇蹟地出現在壁壘另一邊嗎？

誠然，這些都是超微觀世界中的現象。在宏觀的宇宙裡，人們都把注意力集中於**廣義相對論**（Theory of General Relativity）之上。原來按照這個理論，時間和空間不但密不可分，而且可以具有結構。事實上，所謂萬有引力，就是「時空彎曲」做成的結果。不錯，愛因斯坦的狹義相對論粉碎了超光速飛行的美夢，但奇妙弔詭的是，他在廣義相對論中提出的「**四因次時空連續體**」（4-dimensional space-time continuum），卻帶來了「超時空旅行」的可能性。

無論恰當與否，人們不免作出這樣的推論：既然時間和空間本身也有結構，這些結構必須要表現在一個更基礎的背景之上。正如我們要有兩度空間才能領略甚麼是「直線」，要有三度空間才能領略甚麼是「平面」，三度空間的存在本身，不也需要一個更高因次的空間來體現嗎？而這個更高因次空間也需要一個更高因次的空間來體現，而

這個更高因次的空間也……。如是者一層一層，不單有第四度空間，第五度空間，而且「層出不窮」直至無盡。

一九五七年，我們方才遇過的作家海萊因在他的長篇小說《銀河公民》（*Citizen of the Galaxy*, 1957）裡，正利用了這一觀點提出所謂「**N 次元星際飛行器**」（**N-dimensional drive**）。按照書中的理論，宇宙的維度（次元、因次）是無限的。飛行器在三因次空間中雖然無法超越光速，但卻可透過任意選擇的更高因次（故稱 N 因次）來跨越三因次空間中的巨大距離。

當然，只為了超越三因次空間的阻隔，不一定需要「無限因次」這個極端的理論。對大部分科幻作家來說，只需假設有一個四因次的「**超空間**」（hyperspace）存在，便已十分足夠了。事實上，「超空間」已成為了科幻小說中最廣泛應用的超光速旅行途徑。作為故事情節的一部分，差不多比死光、力場、電腦和機械人等意念更為常見。

利用超空間作為星際飛行的手段，最早見於約翰·坎貝爾（John W. Campbell, Jr., 1910-1971）於一九三四年所寫的中篇小說《大能機械》（*The Mightiest Machine*, 1947）。一九五三年，海萊因在他的小說《探星者鍾斯》（*Starman Jones*, 1953）中，首次企圖為這一意念賦以近乎科學的解

釋。自此以後，亦有不少科幻作家以不同的角度來解釋超空間旅行的原理，但更多的作家則只是借用了這個現成的概念，而懶得作任何的解釋。可以這樣說，如果我們問「超空間星際旅行」究竟是怎麼樣的一回事，十個作家可能就有十個不同的答案，而更可能是十個都沒有答案！

若我們不問背後的原理，轉而問超空間究竟是一個怎樣的環境，情況仍好不了多少。大部分科幻小說都只是含糊其詞地把超空間形容為飄渺朦朧、幻化不定的一個超時空境界，當然也有些喜歡形容其為「漆黑一片」、「灰茫茫一片」或「充滿夢幻亮光」。總之是應有盡有，悉隨尊便。但有一點大部分描述都共通的，就是星際旅程必須對這些超空間進行「穿越」或「蹤躍」（Jumps）。這些蹤躍，有些被形容為需要一定的時間，有些則被形容為無須任何時間。但無論如何，大多都認為蹤躍時會為船上的人帶來一些異樣甚至難受的感受。著名科幻作家以撒・阿西莫夫（Isaac Asimov, 1920-1992）把這種感覺形容為「有若內外倒置，亦即五臟六府從內裡反轉過來的一種可怕感覺。」

這裡不得不提的是，對於熱衷於玄學及靈異現象的人，「超次元空間」提供了一個天賜的「解釋」。古今中外，這些人都認為在塵世以外，存在著一個「靈界」（spiritual realm、astral plane 或 ethereal plane；中文方面近年流行稱為「結界」），而大量不可思議的靈異事件，都是由這個靈界所引發。以往，這種說法被看成為憑空臆想的迷信，但到了今天，篤信的人終於有一個似是而非的「科學解釋」了，所謂「靈界／結界」，應該就是科學家所說的「超次元空間」！。尤有甚者，物理學家自上世紀八〇年代提出了「**超弦理論**」（Superstring Theory）以嘗試解釋萬物的由來。而按照這個理論，空間的真正維度可能高達十甚至十一之多，只是在宇宙誕生之初，其他維度都捲曲至「亞原子」的尺度以至難以察覺，以至今天的我們只能觀測到餘下的三度空間。不用說，這個匪夷所思的理論更令篤信靈界的人樂不可支。

大家還記得《印第安納瓊斯：水晶骷髏王國》（*Indiana Jones and the Kingdom of the Crystal Skull*，港譯：《奪寶奇兵之水晶骷髏國》）這部二〇〇八年上映的電影嗎？即使你有看過，也可能沒有留意這一點：電影中的「外星人」並非來自甚麼外星，而是來自「另一個維度的空間」。筆者看過電影的製作特輯，知道監製得悉原先的外星人構思後，覺得意念老套沒有新意。為了滿足老闆的要求，編劇靈機一觸，將外星人改為「來自另一空間的高等智慧生

物」。這次老闆滿意了，認為很有新意。筆者看到這個製作花絮時，忍不住啞然失笑！

不要以為只有高維度的超級空間才可成為創作素材，我們之前已經看過《平面國》這部經典之作。但論場面的震撼，以「低次元空間」為題的創作之中，首推中國科幻作家劉慈欣所寫的《三體》三部曲的最後一本《死神永生》。其間描述一族外星人向太陽系施放了一塊「二維碎片」。不要小看這塊小小的碎片，因為任何事物一碰上它，便會瞬即被「二維化」，亦即變成只有面積而沒有厚度的二維事物。不用說，之前的所有三維事物，包括地球和上面的一切，都因而被徹底毀滅，而人類就是這樣滅亡的……。

現在讓我們回到「超空間蹤躍」之上。阿西莫夫可說是把「超空間蹤躍」這一概念用得最多的一位科幻作家。在他那著名的《銀河帝國系列》（*Foundation series*）裡，超空間蹤躍是龐大的銀河帝國得以維持的腱帶。不過，阿氏從沒有詳細解釋蹤躍背後的原理，或指出進行蹤躍要有些甚麼條件。為求把蹤躍描繪得更具真實感，也可使故事情節複雜一點，另一些科幻作家則故意加入了一些限制性的條件。例如一些作家要求太空船要達到某個接近光速的速度才能進行蹤躍，另一些則把蹤躍限制在遠離任何龐大

質量的星際空間，再有一些則認為需要有一些罕有的超重元素作燃料或需要利用到自然界中一種新的基本作用力（如杰里‧普耐爾〔Jerry Pournelle, 1933-2017〕小說中的「艾達遜力」）等等。

　　但無論怎樣，超空間旅程都會遇上同一個問題，就是在穿越之前，如何能決定在穿越後而重現於正常的太空時，太空船會身在我們想去的地方？事實上，一些科幻故事便以此為出發點，指出超空間旅程的危險。一九五五年，約翰‧賓納（John Brunner, 1934-1995）在短篇小說〈沖天火柱〉（Fiery Pillar）中，描述人類第一艘星際探險船回航時「蹤躍」錯誤，竟重現於地球的內部！結果引起了連鎖的核子反應，核子火焰從地殼中沖天而起，為地球上的人帶來了一場大災難。

　　此外，認為超空間蹤躍無須任何時間間隔的作家，其實亦面對一個十分嚴重的邏輯問題。假設太空船在 A 點進入超太空而在 B 點返回一般的空間，由於穿越時沒有時間間隔，則將會有這樣的一剎那，太空船同時存在於 A 點和 B 點兩處地方。但同一事物怎能於同時存在於不同的位置？兩艘太空船哪一艘才是「真」的？這是任何形式的「**瞬時**

旅程」（instantaneous transportation）都難以解答的問題。

　　不過，在所有關於超空間的故事中，最令人難忘的是喬治‧馬田（George R.R. Martin, 1948- ）所寫的短篇故事〈超空間之謎〉（Hyperspace）。在故事裡，人類已證明了超空間確實存在，並且有充分理由相信，光速這個速度極限在超空間中不一定適用。但馬氏卻向所有的科幻迷開了一個玩笑。因為在故事末，超空間中的真正速度極限終被揭示，這個速度確實不是光速，因為它比光速還要慢！

　　難怪阿西莫夫在談及這篇作品時，曾以戲謔的口吻說：「我絕大部分的作品將隨此而付諸東流！」

　　與超空間有著密切關係的另一種超時空旅行方法，是所謂**時空褶曲**（spacetime warps）這個概念。按照廣義相對論，萬有引力其實就是質量對時空所做成的扭曲。時空既可扭曲，那是否可以像地層一般，形成褶曲山一般的結構？布萊恩‧阿爾迪斯（Brian W. Aldiss, 1925-2017）在一篇小說中就曾形象地描繪這一構想：「……這個連續體空虛而又沒半點亮光。比之於整個宇宙，就有如一件絲綢衣裳上某一處的褶皺比之於整件衣裳。當褶皺的兩面相抵，一個由那絲綢表面所構成的漏斗般的形狀，將在衣裳的表面上形成……。」很明顯，如果我們能夠在褶皺相抵的那一點

從一邊走到另一邊，則我們可以無須經歷漫長的旅程，便可跨越龐大的距離。

但時空中真的有這樣的褶皺，可以成為星際旅行的捷徑嗎？不少科幻作家都不滿於尋找這些褶皺，以及不知褶皺會把太空船帶到甚麼地方。解決的辦法，是建造可以自我製造褶皺的「褶曲引擎」（warp drive 或 warp engine）。在所有這些引擎之中，最著名的莫過於在電視影集《星空奇遇記》（*Star Trek*，1966；臺譯有《星艦迷航記》、《星際爭霸戰》、《星艦奇航記》）中推動「企業號」的引擎。曾看過英文原版的朋友可能還記得，影集中「企業號」的速度正是以 Warp 1（若沒記錯，中文譯作「曲速一度」）、Warp 2（曲速二度）、Warp 3（曲速三度）、Warp 4（曲速四度）等來劃分的。比較少人知的是，按照故事的構思，Warp n 的速度乃是光速乘以 n 的三次方。「企業號」的最高速度是 Warp 9，亦即是說，相對於普通空間的速度是光速的七百二十九倍。

然而，以微小的質量和有限的能量，如何能夠令時空產生巨大的褶曲，是絕大部分科幻作家都沒有勇氣嘗試解釋的一個難題。他們不知道（指在七〇年代以前）自然界早已提供了一種極之奇妙的褶曲器——黑洞。

科幻作家最喜愛的時空褶曲器——黑洞

早於一七九八年，法國著名數學家皮耶—西蒙·拉普拉斯（Pierre-Simon Laplace, 1749-1827）即已根據牛頓的引力理論指出：一個直徑比太陽大二百五十倍而密度與地球相當的天體（太陽的密度只是地球的三分之一左右），其表面的引力場將強大得連光線也無法逃脫。也就是說，任我們以如何強烈的光線照射這一天體，它也只會把光線吸收，而不會透出半點亮光！

可惜的是，自拉普拉斯以後的一個多世紀，這個奇異的「黑洞」構想一直沒有引起天文學家的重視。

二十世紀初，愛因斯坦提出了廣義相對論，把引力解釋為時空的彎曲，是人類對引力現象認識的一個重大飛躍。一九一六年，德國天文學家卡爾·史瓦西（Karl Schwarzschild, 1873-1916）求得**愛氏引力場方程式**（**gravitational field equations**）的第一個嚴格解，但由於往後的天文學家大都把注意力集中在其他的、跟宇宙學有關的方程式解之上，史氏這個解（稱為「**史瓦西解**」

〔Schwarzschild solution〕）在天體演化上的含義未有被充分的領略。後來才知道，史氏解所描述的，正是一個黑洞周圍的時空幾何特性。

一九三九年，「原子彈之父」奧本海默（Julius Oppenheimer, 1904-1967） 和 斯 利 達（Hartland Snyder, 1913-1962）等人首次以廣義相對論研究天體的引力塌陷問題。研究的結果顯示，一顆大質量的恆星到了晚年，當熱核反應的燃料消耗殆盡將沒有任何力量可以抵擋由引力所導致的塌陷和收縮。由於物質越靠攏，引力的吸引越強，這種收縮將一發不可收拾，直至整個星體的體積變為零——也就是說，在宇宙中消失！

然而，星體雖然消失。它的引力場卻仍然存在，而且可以將任何事物也吸進去，就像一個無底的深淵。不用說，這正就是百多年前拉普拉斯所提出的「黑洞」構想，只不過這次有了現代天體物理學和廣義相對論作為基礎，認識比當年可是深刻多了。

就這樣，現代的黑洞（black hole）理論誕生了。但在七〇年代以前，這一理論仍是個冷門的研究課題。要到了六〇年代末七〇年代初，隨著中子星和大量 X 光射線源的發現，科學家對黑洞的研究才重視起來。

甚麼是中子星呢？原來按照天體演化的理論，恆星到了燃料耗盡的晚年，質量若小於太陽的一‧四四倍，將會逐漸收縮成為**白矮星**（white dwarf）。若質量在此之上，則會發生**超新星爆炸**（supernova explosion），而爆炸剩餘的物質，將被壓縮成一種直徑只有數十公里，但密度和溫度都大得驚人的奇異天體。由於巨大的壓力，天體內的電子都被擠壓到原子核裡去，並和那兒的質子結合成為中子。這時整個星體都變了由中子組成，所以稱為**中子星**（neutron star）。

中子星的存在很早便由理論所預言，它們六〇年代被天文學家發現，可說是引力塌陷理論的一項重大勝利。

但引力塌陷理論進一步預言，若恆星質量在太陽三倍以上，而爆炸剩餘的物質仍大於兩個太陽質量的話，則奧本海默等人預言的「黑洞」將是這顆恆星的唯一歸宿。若這顆恆星是雙星系統中的一名成員，則在它形成黑洞後，將會把另一成員的物質不斷地吸進去。按照計算，物質在聚落到黑洞時，會因劇烈磨擦而產生高能輻射。不少科學家相信，自七〇年代以來發現的 X 射線源，正是這些物質「臨終」時發出的訊息。

所有這些跟科幻小說有甚麼關係呢？關係在於，黑洞

是自然界所提供的最終的時空褶曲器。一直以來都借「時空褶曲」作為「星際旅行」途徑的科幻小說作家，獲悉這個奇妙的黑洞理論時，都像打了一口強心針。不少人興致勃勃地猜想，自然的奧妙是否正令幻想成為現實呢？

一個無底深淵怎能成為星際飛行的捷徑呢？原來按照愛因斯坦的理論，黑洞是一個時空曲率趨於無限大——也就是說，時空本身已「閉合」起來的區域。但往後的計算顯示，若收縮的星體質量足夠大的話，時空在閉合到某一程度之後，會有重新開敞的可能，而被吸入的物體，將可以重現於宇宙之中。只是，這個「宇宙」已不再是我們原先出發的宇宙，而是另一個宇宙、另一個時空（姑毋論這是甚麼意思）。按照這一推論，黑洞的存在，可能形成一條時空的甬道（稱為「愛因斯坦—羅森橋接」），將兩個本來互不相干的宇宙連接起來。

這種匪夷所思的推論固然可以成為極佳的科幻素材，但對於克服在我們這個宇宙中的星際距離，則似乎幫助不大。然而，一些科學家指出，愛因斯坦所謂的另一個宇宙，很可能只是這一宇宙之內的別的區域。如果是的話，太空船便可由太空的某處飛進一個黑洞之內，然後在遠處的一個「白洞」（white hole）那兒走出來，其間無須經歷遙遙

的星際距離。把黑洞和白洞連結起來的時空甬道，人們形象地稱之為「蛆洞」、「蛀洞」或「蟲洞」（wormhole）。

「蛆洞」是否標誌著未來星際旅行的「捷徑」呢？不少科幻創作正以此為題材。其中最著名的，是《星艦奇航記》第三輯《太空站深空9號》（*Deep Space Nine, 1993-1999*），在劇集裡，人類發現了一個遠古外星文明遺留下來的「蛆洞」，於是在旁邊建起了一個龐大的星際補給站，成為了星際航運的聚散地，而眾多精彩的故事便在這個太空站內展開。

我方才說「最著名」，其實只限於《星艦》迷而言。對於普羅大眾，對於「蛆洞」作為星際航行手段的認識，大多數來自二○一四年的電影《星際效應》（*Interstellar*，港譯：《星際啟示錄》），其間人類不但透過蛆洞去到宇宙深處尋找「地球2.0」（因為地球環境已大幅崩壞），男主角更穿越時空回到過去，目睹多年前與年幼女兒生離死別的一幕。電影中既有大膽的科學想像，也有感人的父女之情，打動了不少觀眾。大家可能有所不知的是，導演基斯杜化·諾蘭（Christopher Nolan, 1970-）邀請了知名的黑洞物理學基普·索恩（Kip Thorne, 1940-）作顧問，所以其

中所展示的壯觀黑洞景象，可不是憑空杜撰而是有科學根據的呢！

那麼蛆洞是否就是人類進行星際探險的寄託所在呢？然而事情並非這麼簡單。我們不要忘記，黑洞的周圍是一個十分強大的引力場，而且越接近黑洞，引力的強度越大，以至任何物體在靠近它時，較為接近黑洞的一端所感受到的引力，與較為遠離黑洞的一端所感受到的，將有很大的差別。這種引力的差別形成了一股強大之極的「**潮汐張力**」（**tidal strain**），足以把最堅固的太空船（不要說在內的船員）也撕得粉碎。

潮汐張力的危險不獨限於黑洞，方才提及的中子星，其附近亦有很強的潮汐力。拉瑞·尼文（Larry Niven, 1938- ；港譯：拉利·尼雲）於一九六六年所寫的短篇〈中子星〉（Neutron Star），正以這一危險作為故事的題材。

尤有甚者，即使太空船能抵受極大的潮汐力，在黑洞的中央是一個時空曲率趨於無限，因此引力也趨於無限的時空「**奇點**」（**singularity**）。太空船未從白洞重現於正常的時空，必已在「奇點」之上撞得粉碎，星際旅程於是變了死亡旅程。

然而，往後的研究顯示，以上的描述只適用於一個靜

止的、沒有旋轉的黑洞，亦即「史瓦西解」所描述的黑洞。可是在宇宙的眾多天體中，絕大部分都具有自轉。按此推論，一般黑洞也應具有旋轉運動才是。要照顧到黑洞自旋的「場方程解」，可比單是描述靜止黑洞的史瓦西解複雜得多。直至一九六三年，透過了紐西蘭數學家羅伊・卡爾（Roy Kerr, 1934-）的突破性工作，人類才首次得以窺探一個旋轉黑洞周圍的時空幾何特性。

科學家對「卡爾解」（The Kerr solution）的研究越深入，發現令人驚異的時空特性也越多。其中一點最重要的是：黑洞中的奇點不是一個點，而是一個環狀的區域。即只要我們避免從赤道的平面進入黑洞，理論上我們可以毋須遇上無限大的時空曲率，便可穿越黑洞而從它的「另一端」走出來。

不用說，旋轉黑洞（也就是說，自然界中大部分的黑洞）立即成為科幻小說作家的最新寵兒。

一九七五年，喬・哈德曼（Joe Haldeman,1943-）在他的得獎作品《永無休止的戰爭》（The Forever War, 1974）之中，正利用了快速旋轉的黑洞（在書中稱為「塌陷體」——collapsar）作用星際飛行——以及星際戰爭得以體現的途徑。

由於黑洞在宇宙中的分佈未必最方便於人類的星際探險計劃，一位科學作家阿德里安‧倍里（Adrian Berry,1937-2016）更突發奇想，在他那充滿想像的科普著作《鐵的太陽》（*The Iron Sun*, 1977）之中，提出了由人工製造黑洞以作為星際轉運站的大膽構思。

　　要特別提出的一點是，飛越旋轉黑洞雖可避免在奇點上撞得粉碎，卻並不表示太空船及船上的人無須抵受極強大的潮汐力。如何能確保船及船員在黑洞之旅中安然無恙，是大部分作家都只有輕輕略過的一項難題。

　　此外，按照理論顯示，即使太空船能安然穿越黑洞，出來後所處的宇宙，將不是我們原先出發的那個宇宙；而就算是同一個宇宙，也很可能處於遙遠的過去或未來的某一刻。要使這種旅程成為可靠的星際飛行手段，科幻作家唯有假設人類未來對黑洞的認識甚至駕馭，必已達到一個我們今天無法想像的水平。

　　然而，除了作為星際飛行途徑外，黑洞本身也是一個怪異得可以的地方，因此也是一個很好的科幻素材。黑洞周圍最奇妙的一個時空特徵，就是任何事物——包括光線——都會「一進不返」的一道分界線，科學家稱之為「**事件穹界**」（**event horizon**）。這個穹界（實則是一個立體

的界面），正是由當年史瓦西計算出來的「**史瓦西半徑**」（Schwarzschild radius）所決定。例如太陽的穹界半徑是三公里，也就是說，假若一天太陽能收縮成一個半徑小於三公里的天體，它將成為一個黑洞而在宇宙中消失。「穹界」的意思就是時空到了這一界面便有如到了盡頭，凝頓不變了。

簡單地說，穹界半徑就是物體在落入黑洞時的速度已達於光速，而相對論性的「**時間延長效應**」（time dilation effect）則達到無限大。對太空船上的人來說，穿越界面的時間只是極短的頃刻，但對於一個遠離黑洞的觀測者，他所看到的卻是：太空船越接近界面，船上的時間變得越慢。而在太空船抵達界面時，時間已完全停頓下來。換句話說，相對於外界的人而言，太空船穿越界面將需要無限長的時間！

了解到這一點，我們便可領略波爾‧安德遜（Poul Anderson, 1926-2001）的短篇〈凱利〉（Kyrie, 1968）背後的意念。故事描述一艘太空船不慎掉進一個黑洞，船上的人自是全部罹難。但對於另一艘船上擁有心靈感應能力的一個外星人來說，情況卻有所不同。理由是她有一個同樣擁有心靈感應能力的妹妹在船上，而遇難前兩人一直保持

心靈溝通。由於黑洞的特性令遇難的一刹（太空船穿越穹界的一刹）等於外間的永恆，所以這個生還的外星人，畢生仍可在腦海中聽到她妹妹遇難時的慘叫聲。

安德遜這個故事寫於一九六八年，可說是以黑洞為創作題材的一個最早嘗試。

太空船在穹界因時間停頓而變得靜止不動這一情況在阿爾迪斯一九七六年寫的《夜裡的黑暗靈魂》（*The Dark Soul of the Night*）中，亦有頗為形象的描寫。

恆星的引力崩塌，在羅伯特‧史弗堡（Robert Silverberg）的《前往黑暗之星》（*To the Dark Star*, 1968）之中卻帶來另一種（雖然是假想的）危險。故事中的主人翁透過遙感裝置「親身」體驗一顆恆星引力塌陷的過程，卻發覺時空的扭曲原來可以使人的精神陷於瘋狂甚至崩潰的境地。

以穹界的時間延長效應為題材的長篇小說，首推弗雷德里克‧波爾（Frederik Pohl, 1919-2013）的得獎作品《通道》（*Gateway*, 1977），故事描述人類在小行星帶發現了由一族科技極高超的外星人遺留下來的探星基地。基地內有很多完全自動導航的太空船，人類可以乘坐這些太空船穿越「時空甬道」抵達其他的基地，並在這些基地帶回很

多珍貴的，因此也可以令發現者致富的超級科技發明。

　　故事的男主角正是追尋這些寶藏的冒險者之一。他和愛人和好友共乘一艘外星人的太空船出發尋寶，卻不慎誤闖一顆黑洞的範圍。後來他雖逃脫，愛人和好友卻掉進黑洞之中。但由於黑洞穹界的時間延長效應，對於男主角來說，他的愛人和好友永遠也在受著死亡那一刻的痛苦，而他也不歇地受著內疚與自責的煎熬。

　　故事的內容由男主角接受心理治療時逐步帶出。而特別之處，在於進行心理治療的醫生不是一個人，而是一副擁有接近人類智慧的電腦。全書雖是一幕幕的人機對話，描寫卻是細膩真摯、深刻感人，實在是一部令人難以忘懷的佳作。

　　由於這篇小說的成功，波氏繼後還寫了兩本續集：《藍色事件穹界以外》（*Beyond the Blue Event Horizon*, 1980）及《希徹會晤》（*Heechee Rendezvous*, 1984）。而且兩本都能保持很高的水準。

　　時間延長效應並非一定帶來悲劇。在先前提及的《永無休止的戰爭》的結尾，女主角正是以近光速飛行（而不是飛近黑洞）的時間延長效應，等候她的愛侶遠征歸來，為全書帶來了令人驚喜而又感人的大團圓結局。

七〇年代末的黑洞熱潮，令迪士尼（Walt Disney）的第一部科幻電影製作亦以此為題材。在一九七九年攝製的電影《黑洞》（*The Black Hole*）之中，太空船「帕魯明諾號」在一次意外中迷航，卻無意中發現了失蹤已久的「天鵝號」太空船。由於「天鵝號」環繞著一個黑洞運行，船上的人因時間延長效應而衰老得很慢。這艘船的船長是一個憤世疾俗的怪人，他的失蹤其實是故意遠離塵世。最後，他情願把船撞向黑洞也不願重返文明。

　　比起史提芬・史匹堡（Steven Spielberg, 1946-）的科幻電影，這部《黑洞》雖然投資浩大，拍來卻是平淡乏味，成績頗為令人失望。除了電影外，科幻作家艾倫・迪安・霍斯特（Alan Dean Foster, 1946-）亦根據劇本寫成的一本同名的小說。

　　大質量的黑洞已夠引人入勝，小質量的「**微型黑洞**」（**mini-blackhole**）則更為令人驚訝。原來按照理論，任何物體的體積只要小於它本身的史瓦西半徑，它的引力便可使周圍的時空閉合而成為黑洞。例如一個十公斤的物體，它的史瓦西半徑是 10 的負 25 次方厘米，亦即我們若能把物體壓縮成一個小於這一半徑的球體，它便會成為一個黑洞。當然，在現實世界中，根本不存在這麼大的壓力，而

這也正是黑洞的前身必須大於三個太陽質量的原因。因為只有巨大質量的引力塌陷，才能產生足夠的收縮壓力。

一些科學家卻指出，在宇宙誕生的大爆炸一刻，應該存在足夠的壓力，產生一些小質量的「原始黑洞」（primordial black hole）。這些黑洞的質量可能只有 1/100000 克，影響的範圍比一顆質子的體積還要小，因此可能正隱藏在宇宙各處而沒有被我們發現。

以微型黑洞作為科幻題材的，首推尼文的經典之作《黑洞人》（*The Hole Man*, 1973）。在故事裡，人類在火星表面的火星人遺跡之中，發現了一個由磁場承托著的微型黑洞（故事中叫「量子黑洞」〔quantum blackhole〕）。然而，由於探險隊內的個人恩怨，這項偉大的科學發現，後來竟成為一項設計周密的謀殺中的兇器。最後，黑洞逃離了磁場的束縛，墮進了火星的內部，並一步一步的將整個火星吞噬。

可惜的是，往後的研究顯示，小質量的微型黑洞會通過量子效應下的「霍金輻射」（Hawking radiation）而「蒸發」殆盡，因此不可能存在於現今的宇宙之中。不過，中型質量的微型黑洞還是可以存在的。雖然這些黑洞的質量都在十億噸以上但體積仍只有原子般大小。我們能否探測

到這些黑洞的存在，是對現代科學一項重大的挑戰。

有關黑洞的短篇故事，不少都收錄在普耐爾於一九七八年編的小說集《黑洞》（*Black Holes*）之中。有興趣多些了解黑洞特性的朋友，則可參閱威廉・考夫曼（William J. Kaufmann, 1942-1994）的《The Cosmic Frontiers of General Relativity》（1977），此書的中譯本名為《相對論和黑洞的奇蹟》，由北京的知識出版社出版。若是不怕艱深一點，筆者極力推薦由索恩（對，就是為《星際效應》作顧問的那位科學家）所寫的《Black Holes and Time Warps: Einstein's Outrageous Legacy》（1994）。

時間是絕對的暴君

在所有自然界的奧秘之中，「時間」可說是最神秘最深不可測的。我們常常以流水來比喻時間，所謂「光陰如水，歲月如流」，意謂時間只會從過去流到現在再到將來，永遠不會停息，更永遠不能復返。事實上，在世間一切變化中，「時光不再」是最絕對，因此也是任何人力也改變

不了的鐵的定律。

　　但我們有沒有想過，之所謂「光陰荏苒」、「事過境遷」，究竟是萬事萬物在一個絕對的、靜止的時間背景之上變化消逝，還是時間洪流本身帶著我們不斷地向前奔？若是前者，所謂「靜止的時間背景」這個定義上不存在（請大家嘗試想像時間停頓是怎樣一回事⋯）的東西如何能存在？若是後者，則時間洪流究竟相對於甚麼「超時間」的東西流逝？它流逝的速度又以甚麼來量度？

　　從另一個角度看，究竟是時間流逝引致「事過境遷」還是「事過境遷」構成時間流逝呢？

　　不過，無論上述問題的答案如何，有一點似乎是肯定的，那就是時間是「絕對的暴君」：沒有人能跟它對抗，沒有人能改變它的意旨。我們永遠都被囚禁在「現在」這一剎那，卻又永遠從「過去」被帶到「未來」，身不由己，沒有半絲自由。

　　我說「似乎」，是因為富於幻想的人，永遠都在想像我們如何能擺脫這個時間暴君的統治，從而能夠在時間中自由飛翔，就正如我們可以在空間中自由地運動，上下左右，來回往返一樣。

　　就這樣，「時間旅行」與「太空旅行」一樣，成為了

人類的夢想之一。

以「時間旅行」為題材的文學創作，可說具有頗為顯赫的家勢。早於一八四三年，英國文豪狄更斯（Charles Dickens, 1812-1870）在他的作品《聖誕頌歌》（*Christmas Carol*，又譯為《小氣財神》）之中，便已借用了這一構想。故事中的主人翁史古茲（Mr. Scrooge）是一個刻薄成性的人。在一個聖誕前夕的晚上，他遇上一個來自未來世界的幽靈。這個幽靈把他帶返過去，讓他一一目睹他的所作所為；最後，還把他帶往未來，讓他眼看自己悲慘的結局。不過，故事的結局卻是愉快的——史古茲因這番經歷而改過自新，因而也改變了他將來的悲慘命運。

一八四四年，美國詩人兼小說家愛倫坡（Edgar Allan Poe, 1809-1849）寫了《崎嶇山嶺的故事》（*A Tale of the Ragged Mountains*, 1844），描述一個人在維珍尼亞州的險峻山巒中尋幽探勝，卻發現自己返回了六十五年前的世界。不過，由於故事描述主人翁正受著嗎啡的影響，因此讀者不免要揣測，故事內容究竟是藥物引致的幻象，還是一次真正的時光倒流呢？

更為著名的一個時光倒流故事，是馬克・吐溫（Mark Twain, 1835-1910）於一八八九年所寫的《阿瑟王宮廷中

一個來自康涅狄格州的美國佬》（*A Connecticut Yankee in King Arthur's Court*）。顧名思義，故事描述一個十九世紀的美國人，因時光倒流而回到傳說中六世紀英國國王阿瑟的宮廷裡。到了結尾，主人翁一覺醒來回到現在。因此這個故事和愛倫坡的故事一樣，留下了一條懸疑的尾巴：整件事情究竟只是夢幻還是真實？

無論是夢幻還是真實，上述的時光倒流都屬於超乎科學的經歷，作者既沒有刻意解釋倒流的成因，更沒有借助任何機器的力量。首次將這類經歷和機器結合起來的，是愛德華‧米切爾（Edward P. Mitchell, 1852-1927）於一八八一年所寫的《向後彎的鐘》（*The Clock That Bent Backward*）。在故事裡，一具時鐘不知怎地壞了，兩個小男孩嘗試將它修理，但在再次上緊發條之後，時鐘卻倒後地走，而兩個男孩也被逆行的時間帶到近十六世紀的荷蘭。

然而，這個故事雖然用上了機器，但基本上仍屬幻想小說（fantasy）而非科幻小說。真正令「時間旅行」成為現代科幻小說中一個重要主題，並使大眾廣為認識這一意念的，無疑是 H‧G‧威爾斯（Herbert George Wells ／ H.G. Wells, 1866-1946）的經典之作《時間機器》（*The Time Machine*, 1895）。

威氏的貢獻在於，他假設人類能建造一副特殊設計的機器，使他能駕馭時間，馳騁於時間的巨流之中。從此，人類不再是身不由己的時間俘虜，而是可以進退自如的時間主人。

　　小說的內容，敘述主人翁透過他自己發明的時間機器遊歷未來。機器發動後，日、夜的光暗交替越變越快，最後融為一片灰色的光芒。機器停下來時，已是公元八十萬年以後。在這個遙遠的未來世界，居住著兩種人。第一種是住在地面的艾萊人（Elois）。他們狀如小孩體態優美，整日只是吃喝玩樂，或從事各種文化活動，卻永不從事生產，是最典型的有閒階級。第二種摩洛人（Morlocks），整日住在暗無天日的地下世界。他們體格魁梧，滿身濃毛，野蠻而沒半點文化。但他們卻從事一切生產活動。只不過生產的成果都由艾萊人所佔有，用以支持他們的優裕生活。

　　這是一個何等不公平的世界！高貴與低賤構成了何等強烈的對比！但摩洛人也有他們的報復方法，那就是一有機會便突襲地面上的艾萊人，把他們捉到地下來飽餐一頓！

　　面對這番可怕的未來景象，主人翁在一連串凶險的經歷後終於逃脫，再踏上他的時間旅程。最後，他身處三千萬年後的地球，目睹太陽已離開了穩定的演化階段，膨脹

成為一顆血紅色的巨星。暮陽殘照，其時人類滅絕已久，而地球也到了末日。主人翁子然一身，獨抱蒼茫，那種悵然的情懷，構成了科幻小說中最動人的一幕。（今天我們知道，太陽進入「紅巨星」階段應是五十億年而非三千萬年後的事。）

威爾斯的《時間機器》固然開了時間旅行科幻創作的先河，但嚴格來說，它並不是一篇真正探討時間旅行的小說。時間旅行在書中只是一種手段，其目的在展示威爾斯對未來世界的一種構想。而這種構想，實根植於威爾斯對現代工業社會中資本家和工人階級兩極分化的憂慮。可以這樣說，《時間機器》既是一個關於時間旅行的故事，也是一篇充滿政治寓意的作品。

《時間機器》曾多次被拍成電影，其中最忠於原著的，是一九六〇年的版本。至於具有特殊意義的，則是二〇〇二年的版本，因為導演乃是威爾斯的曾孫。一部借用原著意念發揮的作品，是一九七九年的《兩世奇人》（*Time After Time*，港譯：《追蹤一百年》），故事講述的，是威爾斯本人如何透過時光機穿越時空追捕著名的變態連環殺手「開膛手傑克」（Jack the Ripper）的經過。

回到二十世紀初，最先以時間旅行作為創作主題的是

雷・坎明斯（Ray Cummings, 1887-1957）。他先後發表的三篇小說《駕馭時間的人》（*The Man Who Mastered Time*, 1924）、《影子女郎》（*The Shadow Girl*, 1929）和《時間的放逐》（*The Exile of Time*, 1931），都以人類能馳騁於時間之中為大前提。可惜當時以雜誌為基礎的科幻小說還未大行其道，坎明斯的作品沒有受到太多人的認識。

威爾斯敢於描述人類遙遠的未來，可說是一項大膽的突破。但把這突破帶至最巔峰境界的，無疑是奧勒夫・史坦普頓（Olaf Stapledon, 1886-1950）。他在一九三〇年時發表的《最後與最初的人》（*The Last and First Men*）詳細地敘述了人類未來的歷史，由二十世紀初直至第十九族的人類在海王星上滅絕為止，期間共二十億年。全書想像高超、氣勢磅礴，堪稱近世的一部奇書。書中雖不以時間旅行為主題，卻描述人類進化至某一個階段時，發現了可通過精神的力量返回過去。但回去的只能是心靈，而且必須寄居於別的有智慧的心靈，透過他們的感官來窺探過去的世界。事實上，按照故事的內容，這一篇人類歷史的詩篇，正是人類末代的一個學者，暗中透過二十世紀的一個「原始人類」（即作者本人）所寫的。

作為一個認真的作家，也作為一個富於哲學素養的學

者，史坦普頓嘗試為時間旅程的可能性提供解釋。按照他的觀點，時間根本沒有所謂過去、現在和將來之分。時間上的每一刻其實都處於同等的地位，每一剎那都等於永恆。但要充分領會這種「一體性」而貫通「存在的永恆」，卻需要一個高度發展的心靈，這正是為甚麼要到人類史上成就最輝煌的第五族人，才發現時間旅行的可能性。

當然，我們可以批評「每一剎那都存在於永恆之中」這種說法是故弄玄虛的文字遊戲。但老實地說，面對時間這無限神秘的深淵，誰又有資格確鑿無疑地去判定甚麼是對、甚麼是錯的呢？

事實上，愛因斯坦便曾經在安慰好友的遺孀時這樣寫道：「對於我們這些相信物理學的人來說，過去、現在和將來的分野，只是一種頑固的幻象吧了。」（People like us who believe in physics know that the distinction between past, present and future is only a stubbornly persistent illusion.）

一九六六年，著名的劍橋天文學家霍耳（Fred Hoyle, 1915-2001）對時間的本質作了一趟更為大膽的論述。在他的小說《十月一日已太遲》（*October the First is Too Late*, 1966）之中，原本「正常」的世界突然陷入紛亂：在英國是一九六六年，在法國卻是一九一九年，而美國則更處於

一七五〇年。換句話說，不同的「時區」竟同時存在於地球表面。後來，故事的主人翁更遇上未來的人類，並出現了一幕古典音樂和未來音樂互較高下的有趣場面。多年後，由阿瑟‧克拉克（Arthur C. Clarke, 1917-2008）和史蒂芬‧伯斯特（Stephen Baxter, 1957-）合著的《時間的眼睛》（*Time's Eye*, 2003）也用這上了類似的概念。

如何解釋這種時空錯亂的狀況呢？霍氏也和史坦普頓一樣，指出我們以為時間「乃連綿不斷地從過去到現在到將來般流逝」，完全是一種錯覺。但他卻更進一步，指出宇宙間所有事物的狀態，都像處於漆黑中的鴿籠式的信格一般。而所謂存在，就有如信格被照亮。信格裡的內容，就是我們的意識與經驗。

所謂正常的宇宙，就是信格以我們所熟知的次序被照亮的宇宙。但假設亮光突然改變了一貫的照射程序，「現實」的步伐便會走了樣。但意識既是信格內容的產物，我們在主觀上仍是感到時間從過往到現在到將來般流逝，所不同的，反而是可以在同一時間內感受到不同時區內的事物。

太玄了嗎？的確，任何探究時間本質的論述，都難以避得了一個「玄」字。對大部分科幻作家來說，這是吃力不討好的一回事。可以這麼說，能夠想出一套全新的而又

言之成理的時間本質理論，這個人已可成為一個知名的哲學家（即使不是科學家），而無須做科幻作家了。

一九七七年，科幻作家哥頓‧狄遜（Gordon Dickson, 1923-2001）發表了長篇小說《時間風暴》（*Time Storm*），主題也是地球上出現的「時間錯脫」的現象。與《十月一號已太遲》不同的是，這些錯脫不是靜止而是有如風暴般橫掃地球各處，而且所到之處都會帶來毀滅性的破壞。

除了時空錯亂之外，另一個精彩的科幻意念是時間流逝速度的變化。最先提出這個意念的並非別人，正是《時間機器》的作者威爾斯。在他的短篇故事〈新加速器〉（The New Accelerator, 1901）之中，講述主人翁無意間吃了一項新發明的藥物，至令他身體的所有生理節奏大幅加快。結果，他自己不感覺有任何異常，卻發覺周遭的整個世界大大慢了下來：一個人貶一貶眼需要幾分鐘，講完一句說話更加需要大半小時。這時他變成了一個名符其實的閃電俠，可以在接近停頓的世界中來去自如、為所欲為……。但這是一個恩賜還是詛咒呢？恕我賣個關子，答案還是留待大家自行找尋吧。（這兒介紹的故事很多因為早已過了版權限期，完整的文本皆可在網上看到。）

嚴格來說，威爾斯這個故事只是涉及時間流逝的主觀

感覺，而並非假設時間流逝的速率真的出現改變。真正將這個意念用於科幻創作並且發揮得淋漓盡致的，首推查爾斯‧謝菲爾德（Charles Sheffield, 1935-2002）於一九八五年發表的《夜撫之間》（*Between the Strokes of Night*）。故事講述在遙遠的未來，人類發現了「S—空間」，其內的時間流逝速率較正常空間慢很多。只要進入這個空間，需時過百年的星際旅程於數日內便可完成。到書末，人類進一步發現了「T—空間」，其間的時間流逝速度更慢，五分鐘左右的時間，便等於我們這個空間中的一千年之久。（即較「山中方七日，世上已千年」還要厲害。）

遇見昨天的我——時間的延長與悖論

在所有科幻意念之中，「時間旅行」是最沒可能實現的一個。這裡指的「沒有可能」，與不少人批評星際旅行為「沒有可能」在本質上有很大的分別。星際旅行面對的主要是技術上的問題；但時間旅行所面對的，卻是極其根本的邏輯問題。技術問題可以憑高超的科技解決，但要解

決邏輯問題，就是再高超的科技也將無濟於事。

時間旅行的主要矛盾在於：我若乘坐時間機器返回昨天並遇上昨天的我，那麼哪一個才是真正的我？尤有甚者，假使我把昨天的我殺掉，那麼今天又何來我這個兇手？同樣道理，如果我返回我祖父的孩提時代並把他殺掉，那又何來我的父親？沒有我的父親又何來有我這個時間旅客？

上述這些矛盾，我們稱之為「**時間旅行悖論**」（Time travel paradoxes），也簡稱「時間悖論」。這些悖論的產生，是因為時間旅行違反了宇宙中最根本的規律──因果律。「過去」是「現在」的因，「現在」是「過去」的果，如果現在的事物能夠改變過去，那便是倒果為因，自然是矛盾叢生。

以上是返回過去的時間旅程，至於走到未來的旅程又如何呢？

如果我們所指的「走到未來」是一去不返的單程旅行，那基本上不會帶來矛盾；但若我們所指的是去而復返的雙程遊歷，所牽涉的邏輯矛盾將會和返回過去的沒有兩樣。試想想，我們若將五百年後一些最新的科技知識帶返今天，那麼這些知識到了五百年後還會是「最新」的知識嗎？如果我們能目睹下星期賽馬某一匹「大冷」勝出，難道到了

下星期這匹馬仍會是「大冷」嗎？

如此看來，似乎只有單程式的未來旅程是行得通的。然而，我們不是每一刻都在進行（或是被迫進行）這種旅程嗎？但科幻小說最感興趣的，當然不是這種過一秒是一秒、過一分鐘是一分鐘的「時間旅程」，而是一下子便能夠跳到一年後、一百年後甚至十萬年後的旅程，就像威爾斯《時間機器》中的主人翁一樣。

在中國的傳說中，有所謂「山中方七日，世上已千年」的故事：一個樵夫在山上看兩個老翁下棋，看罷發覺方才放下的斧頭竟已殘破不堪。原來他遇到的是兩個仙翁，方才駐足而觀的一會，人世間已不知過了多少百年！

本身所處的時間凝頓不前或流逝極慢，而外界的時間卻是照常向前飛奔，結果不是「超越時間」，走到未來嗎？

但傳說終究是傳說，現實世界中並不存在甚麼仙山或老仙翁。但這是否表示我們沒有其他途徑走到未來呢？

一八一九年，美國作家華盛頓‧歐文（Washington Irving, 1783-1859）在他的《見聞雜記》（*Sketch Book*）之中寫了著名的童話故事〈李伯大夢〉（Rip van Winkle），提出了另一個走到未來的途徑。故事中的主人翁 Rip Van Winkle 在樹下酣睡。一覺醒來鬍子卻已長可及腰。原來他

這一睡便是數十年，返回村中已差不多沒有人再認識他了。

　　一般人就算是再貪睡，當然也不可能一睡數十年。但這個故事給我們一個提示：藉著科學的幫助（例如冷凍技術），我們是否可以令一個人進入長期的冬眠狀態，到多年後才把他喚醒呢？

　　一八九九年，威爾斯在他的長篇小說《一覺醒來》（ *When the Sleeper Wakes* ）中，正是借用了這樣的一個構想。不過，像《時間機器》一樣，這本小說的主題在於社會批判多於時間旅行。故事的主人翁在數百年後的未來世界中醒來，發覺人類的科技固然非常發達，但社會的制度離烏托邦卻仍十分遙遠：世界由一班高高在上的科技官僚統治，個性和思想的自由深受壓迫。不久，主人翁被捲入一場政治鬥爭，最後更成為推翻極權政府的領導人之一。

　　大半個世紀後，弗雷德里克‧波爾亦基於類似的構想，寫了一本反烏托邦式的小說《貓腳時代》（ *The Age of the Pussyfoot*, 1968 ）。

　　假設我們真的能夠一睡千年，有甚麼人會願意這樣做呢？不錯，我們一睜開眼便已身處未來，可以一睹人類未來發展的景象，甚至親身參與星際殖民的偉業，但我們有沒有想過，我們將會永遠地離開現今的世界，跟所有親愛

的人和熟識的事物永別？我們能適應未來的世界嗎？這麼大的犧牲值得嗎？

但假設你患了絕症，最多只有半年左右的壽命，你又是否願意以這半年壽命作賭注，進入長眠的狀態，期望在數百年後醒來時，先進的醫學能把你的絕症治好呢？事實上，不少科幻小說正以此作為題材，描述一些垂死的人通過「人造冬眠」（artificial hibernation）或「生機休止」（suspended animation）技術抵達未來世界，以及他們在未來世界的種種經歷。

海萊因的長篇《進入夏天的門》（*The Door Into Summer*, 1957）以及羅傑・捷拉茲尼（Roger Zelazny, 1937-1995）的短篇〈墓地的心〉（The Graveyard Heart, 1964）是這方面的代表作。在電影方面，一九九二年的《今生有約》（*Forever Young*，港譯：《天荒情未了》）也用上了這個橋段，而主人翁意外地沉睡了數十年之後，竭力找回年輕時的愛侶的情節，令到不少觀眾為之感動。（最先將時光逆轉作為愛情故事情節的，是一九八○年的《似曾相識》（*Somewhere In Time*，港譯：《時光倒流七十年》）這部經典之作，但它的主題是回到過去而非穿越未來。）

然而，不少科幻作家仍不滿於人造冬眠所帶來的種種限制，而喜歡以一些超乎現今科學解釋的「時空錯脫」之類的途徑，把他們的故事主人翁送到遙遠的未來。

　　在阿西莫夫的首部長篇小說《天空中的卵石》（*Pebble in the Sky*, 1950）裡，引起「錯脫」的是一次核子試驗中釋放的神秘輻射；在詹姆士·布列殊（James Blish, 1921-1975）的《仲夏世紀》（*Mid-summer Century*, 1972）中，導致錯脫的只是一具無線電天文望遠鏡；而在海萊因的《法納爾的屬土》（*Farnham's Freehold*, 1964）之中，罪魁禍首則是一次近距離的核子爆炸。

　　但除了人造冬眠和上述的純幻想外，是否還有其他合乎科學而又能真正超越時間的方法呢？答案是肯定的。它就是愛因斯坦狹義相對論中所揭示的「**時間延長效應**」（**time-dilation effect**）。

　　相對論的建立，可說是數千年來人類對時間認識的第一次實質深化。愛氏不單推翻了「**同時性**」（simultaneity）這個人們一直以為理所當然的觀念，更論證了以下這樣一個奇異的事實：一個物體運動的速度越快，它的時間流逝的速率將會越慢。而在一個相對靜止的觀察者看來，物體的時間好像是「延長」了，所以稱之為「時間延長效應」。

按照這個效應，經常駕駛長程客機的機師應該比一般人衰老得慢，只是這種差別微乎其微，完全無法量度罷了。事實上，延長效應要在物體的運動速度接近光速時才顯著起來。在日常生活中，我們當然難以遇上這種速度，但在基本粒子的世界裡，科學家已多次證實愛氏這一預言。

　　假設我們乘坐一艘太空船出發，然後以接近光速的速度遨遊太空，我們將會體現「船上方七日，世上已千年」這種情況。當我們返回地球時，不是等於超越時間，走進未來世界了嗎？

　　事實上，按照相對論的推論，科學家曾經提出過著名的「**孖生子悖論**」（**The Twin Paradox**），[1] 那便是假設一對孖生子長大後一個成為太空人，另一個則留在地球從事科學工作。好了，假設前者乘坐一艘最先進的太空船以接近光速遨遊太空，數十年後才返回地球。留在地球的科學家不用說十分興奮地前往迎接這個闊別多年的兄弟。現在問的是，當太空船艙門打開時，兄弟兩人究竟會誰老誰年輕呢？

1.　　編註：「孖生子」為粵語，即雙生子、雙胞胎之意。

表面看來答案十分簡單，由於高速運動導致的「時間延長效應」（即時間流逝的速率減慢），自然是邀遊太空的那一個衰老得慢而相比下較為年輕。但問題是，相對論的主要立論是運動乃是相對的。對於留在地球的孖生子，進行高速運動的固然是他的太空人兄弟；但對於後者來說，他從不覺得自己在進行高速運動（就正如我們可以在高速飛行的飛機上安穩地用餐一樣），所以在他而言，一直進行高速運動的反而是留在地球上的兄弟。這樣看來，不是留在地球的兄弟才應該較為年輕嗎？

　　這個悖論的答案是甚麼？恕我賣個關子，請大家自行上網查找吧。

　　不用說，時間延長效應的奇妙性質使它成為科幻小說中的寵兒，眾多的作品都以此作為題材。而以此效應同時用於星際飛行及時間旅行的，首推安德遜於一九七〇年所寫的長篇小說《衝向光速》（*Tau Zero*）。

　　小說描述一艘星際探險船出發後不久即發生意外，以至不斷地加速，越飛越快，完全無法停下來。到了後來，太空船的速度已大得跟光速幾乎沒有分別，而時間延長效應也達到一個驚人的地步：船員目睹整個宇宙的演化、衰老和死亡。而最後，這班人類的遺裔更以巧妙的方法避過

了跟宇宙同歸於盡的命運，並得以目睹另一個宇宙的誕生！

這篇小說把時間延長這一效應發揮到了極致，而且構思大膽、氣魄恢弘，令人留下深刻的印象。值得一提的是，小說名稱中的 tau 乃希臘字母（τ），是相對論公式中代表速度接近光速的程度，tau 為零（$\tau=0$）即表示速度已達於光速。

走到未來固然比回到過去較合情理，但奇怪的是，就數量來說，科幻中以「回到過去」作題材的作品比「走到未來」的作品多得多。一方面這是因為描繪未來世界終究是一件吃力的事情，另一方面卻因為回到過去所引起的戲劇性衝突，實在比走到未來豐富得多。

方才不是分析過，返回過去的時間旅程會違反因果律，因此會產生有違情理的悖論嗎？然而，科幻作家最喜愛的正是這些悖論（paradoxes）。在一個出色的作家手中，這些悖論是編織一個好故事的上等材料。

最先利用這些悖論，並且把它們發揮得最淋漓盡致的，首推海萊因於一九四六年所寫的經典之作《畢能自拔》（*By His Bootstraps*）。在這個中篇裡，主人翁威爾遜是一個正在趕寫博士論文的哲學系學生。一天下午，一個神秘的客人突然在威爾遜的房中出現，在這神秘客身旁的半空中，

還有一個漆黑的沒有厚度的圓洞。神秘客解釋圓洞乃「時間之門」，並催促威爾遜跟他跳進去。威爾遜當然不肯相信，而就在兩人僵持之際，另一名神秘客卻從洞中出現，並警告威爾遜切勿跳進洞裡。兩名神秘客一催一阻，雙方爭持不下，終於大打出手。而在混亂中，威爾遜卻被推進洞裡。

穿越了「時間之門」，威爾遜發覺自己身處一個寧靜優雅的花園宮殿之中。一名老人正等候著他，並告訴他這已是三萬年的未來。不久，老人委託他透過「時間之門」帶回一個重要的人物。威爾遜答應了，於是踏進「時間之門」……

……卻發現自己回到房中，而奉命帶回的人竟然就是自己！

鎮靜下來之後，威爾遜開始敦促這個過去中的威爾遜進入時間之門，但不久卻有人從時間之門中走出來橫加干預。

聰明的讀者必已看出，故事開首的第一個神秘客，正就是如今的威爾遜本身。故事發展下去，我們發現第二個神秘客也是威爾遜的另一版本。他企圖阻止第一個威爾遜通過時間之門，是因為不想他（亦即自己）被老者利用。最後，他似乎已打破了邏輯上的惡性循環（他已通過不同

的身份經歷了同一事件三次！）並擺脫了那老者的控制，藏匿在未來的宮殿中——一個比他與老者最初相遇的那一刻早十年的未來。

但事情卻絕非這麼簡單。十年過後，威爾遜才駭然發現，他十年前所遇見的老者——你必已猜到了——原來就是今天的他！也就是說，作弄他的人從來就只有一個——他自己。而在當年的同一時刻，這個「老者」再次從「時間之門」裡迎接「初來甫到」的自己……。

正如在〈他蓋了一幢歪房子〉中處理超元因次這個奇妙題材一樣，海萊因在這篇短短的故事中對時間悖論這個題材的出色處理，實在教人擊節讚賞，拍案叫絕。

一九五八年，海萊因將《畢能自拔》中的意念進一步發揮，寫了一個更為精煉（字數僅有前者的五分之一不到）的短篇故事〈你們這班行屍走肉〉（All You Zombies, 1959）。超過半個世紀後，這個精彩絕倫的故事終於在二〇一四年被拍成電影，稱為 Predestination（臺譯：《超時空攔截》；港譯：《超時空狙擊》），而且成績十分不俗，喜愛時間旅行科幻的朋友絕不能錯過。

有了這樣出色的範例，後人自然難以越其樊籬。迄今為止，在這方面最具野心的嘗試是大衛‧傑羅德（David

Gerrold, 1944-）於一九七三年所寫的長篇小說《摺疊自己的人》（*The Man Who Folded Himself*），可說是〈你們這班行屍走肉〉的超長篇版本。書中互相糾纏的自我不止有三個或四個，而是有無數個，而一些更是轉了性別（男變女）的版本，其中的關係包括朋友、敵人、情人、夫妻、父子、母女、兄妹、姊弟等不一而足。故事不用說是悖論中有悖論、循環中有循環，總之把題材發揮到極致，沒有半點浪費。

但在筆者看來，極致是極致了，卻是有點兒走火入魔，讀至後半部更使人有煩厭之感，反不及海氏短篇般尖銳和奇趣。

時光倒流能改變歷史嗎？

雖然本質上，可以自由地來回往返的「時間旅行」只有一種。但由於我們的興趣和著重點不同，以時間旅程為題材的科幻小說，大致可以分為以下五大類型：

一 . 從「現在」走到「未來」的旅程；

二 . 從「現在」回到「過去」的旅程；

三 . 從「未來」回到「現在」的旅程；

四 . 從「過去」來到「現在」的旅程；

五 . 結合了上述各種主題，描述人類在時間中來
回往返的情況。

在這五大類型中，以第四類的作品最少。理由很簡單，如果過去曾有人發明了時間機器，並藉此跑到未來，那麼在我們的歷史中便應有這項發明的記載，或是有關這些時間旅程的紀錄。舉例說，假設十八世紀一名天才發明了時間機器，並乘坐它跑到十九世紀瀏覽，那麼我們的歷史中便應有這兩件事件的記載，而時間旅行更應早已成為我們今天生活的一部分。既然這兩種情況都沒有發生，我們只能得出這樣的結論——時間旅行至今仍只是一種幻想而從未得以實現，所以「過去」會有時間旅客來到「今天」這種情況是不可能存在的。

事實上，就以今日最深刻的科學理論和最尖端的科學技術，對實現時間旅行這回事仍是茫無頭緒。在科技遠為落後的過去，能有人建造出時間機器，實現時間旅行，這

確是令人難以想像的。

然而，難以想像並不等於不可想像。想像力豐富的科幻作家，仍然可以假設過去曾有一名天才的科學家，他的知識遠遠地跑在時代的前頭，並發明了一副時間機器。但他卻將發明秘而不宣，而秘密則一直隱藏至今。秘密之能夠隱藏，一方面可能因為他進行「時間遊歷」時十分謹慎，絲毫沒有露出馬腳；另一方面則可能因為他遊歷的時刻都在我們的未來，因此我們的歷史中毫無記載。也許，我們明天就會遇上一個來自十九世紀的時間旅客呢！

為了克服科技水平的問題，我們甚至可以引入「湮沒了的超級文明」這一意念，假設我們的時間旅客乃來自一個遠古的高科技文明（例如傳說中的「大西洋洲」）；又或者我們假設，過去曾經有外星人探訪地球，並將當時的一些人透過時間機器送到我們的今天。

由此可見，「從過去來到現在」的時間旅行故事並非完全不可寫。但奇怪的是，科幻中的這類故事可說絕無僅有。讀者中有興趣的，不妨自己動筆嘗試一下。

好了，接著下來讓我們集中地討論其餘的四類題材並逐一介紹有關的作品。

第一類題材是「現在走到未來」。筆者於上兩節介紹的

作品,大部分都屬於這類。它們包括《時間機器》、《一覺醒來》、《進入夏天的門》、《墓地的心》、《天空中的卵石》、《仲夏世紀》、《法納爾的屬土》、《衝向光速》等。

此外,元老派科幻大師克利福德‧西瑪克(Clifford Simak, 1904-1988)在他的處女作《紅太陽的世界》(*The World of the Red Sun*, 1931)中,亦透過時間旅行把我們帶到遙遠的未來,並展示出一幅殷紅巨日映照下世界末日的景象。一九三三年,英國科幻作家約翰‧溫德翰(John Wyndham, 1903-1969)在他的短篇故事〈時間的流浪客〉(The Wanderers of Time)中所展示的,卻只是人類的末日而非世界的末日:主人翁發現在未來的世界裡,人類已被螞蟻所取代!一九五一年,克拉克在他的短篇〈甦醒〉(The Awakening)裡,亦表達了同一的意念:主人翁厭倦了烏托邦式的完美生活,把自己放到一艘全自動的太空船之中,並進入了「生機休止」的冬眠狀態。太空船在太陽系寒冷和黑暗的外圍循環不息地繞日飛行,經歷了千百萬年,最後才慢慢地重返地球。主人翁恢復了知覺,太空船的艙門亦被開啟,但站在門外的不是人類的後代,而是人類的死敵──昆蟲──的子孫。

一九六一年,溫德翰再次透過時間旅程以展示一幅末

日的景象，但這不是全人類的末日，而只是所有男性的末日。在他的中篇小說《看她的法子》（*Consider Her Ways*）中，未來的一場災難性瘟疫殺死了世界上所有的男性，餘下的女性眼看亦要滅絕，幸好科技的進步帶來了單性生殖的技術，終於令人類得以延續。而作為時間旅客的男主人翁，於是成為只有女性的未來世界中的唯一男性。

從上述的介紹我們可以看到，「從現在走到未來」的時間旅行故事，大部分都只是對未來世界的種種描述，只是在這些描述中加入了來自「現在」的時間旅客罷了。嚴格地說，這些故事並非真正的時間旅行故事，因為沒有了這個時間旅客，有關未來的種種描述仍然可以成立。也就是說，故事的內容完全可以獨立於「時間旅行」這一意念而存在。

那麼甚麼才是真正的時間旅行故事呢？答案正是方才列舉的五類題材中的第二類，亦即以「現在回到過去」為主題的科幻創作。而在科幻界中，亦以這一題材的作品最為豐碩，不論是長篇小說還是短篇故事，都使人有目不暇給之感。

「回到過去」的故事之所以引人入勝，是因為它往往導致邏輯上的悖論（paradoxes），從而帶來戲劇性的衝突。

一九三五年，莫里‧萊斯特（Murray Leinster, 1896-1975）以輕鬆的筆調寫了〈第四度空間示範器〉（The Fourth Dimensional Demonstrator）這一短篇。在故事裡，一個發明家建造了一副可以複製任何物件的機器。複製的辦法是透過機器回到剛逝的過去，然後把當時存在的物件帶到現在的這一刻。但當發明家複製的不是一般的物件而是活生生的人，不消說自是帶來一片混亂。

　　悖論當然在於：物件（或人）既然已在過去被「帶到」現在，又如何能繼續存在至今，以致鬧出雙胞胎呢？

　　一九五二年，萊斯特再寫了〈鬼把戲〉（The Gadget Had a Ghost）這篇故事，更為突出地描述時間旅程所導致的邏輯矛盾。故事中的主人公竟然在一份古代的文獻中發現了以自己筆跡所寫的一段文字。這項發現引致一連串的事件，而結果是主人公真的親筆寫下這段文字，最後文字更被送返過去，成為先前被發現的「古代文獻」！

　　這種因果互纏的邏輯悖論，正是一切時間旅行故事的特徵。遠在中學時代，筆者便已從同學處聽到這類故事的代表作：一個發明家發明了一副時間機器。他乘坐這副機器去到廿四小時後的未來，卻發覺後園裡放著一座自己的雕像。雕像下的題字表明這是為了紀念他作為一個偉大的

發明家而設的。發明家對此當然歡欣以極，但停下來一想，就算他立刻把發明公諸於世，也斷沒可能在廿四小時之內便建成這座如此精美的雕像。為了保證這雕像能在明天出現，發明家靈機一動，把雕像搬了下來，並乘坐時間機器把雕像帶返出發的當天，跟著更把雕像放到後花園中，就有如他在「未來」時見到一模一樣……。

伴隨著故事的問題是：這座雕像究竟是誰人雕造的呢？

筆者不知道這一故事是同學自己編撰還是從別處看來。但故事精簡而集中地表現了時間旅行的因果悖論，可算是一篇上乘的科幻小品。在科幻界中，以類似的意念作題材的著實不少。早於一九四四年，比特．殊勒．米勒（P. Schuyler Miller）的一個短篇小說〈從未存在〉（As Never Was）即描述科學家發現了一柄由不知名金屬製成的小刀，幾經研究之後，仍是無法弄明這刀的來歷。後來小刀被放進博物館中，過了不知多少年代，卻成為一項時間旅程實驗中的試驗品，被送返過去，從而被科學家所發現……。問題當然和雕像故事中的一樣：小刀是誰人所造的呢？

所有這些時間悖論，便活像一條十分饑餓的蛇到處找食物，最後找到自己的尾巴。牠饑不擇食照吞無誤，吃呀吃呀，最後把自己吃掉，而整條蛇也就此消失！這樣

的「銜尾蛇」圖像，很早便出現於古希臘的記載，稱為「Ouroboros」。它在哲學、數學甚至科學方面都甚有啟發意義，堪與中國的「陰陽」符號相媲美。

一九五六年，梅克·雷諾士（Mack Reynolds, 1917-1983）在同一的題材上帶來了點新花樣：在《複利》（*Compounded Interest*）這篇故事中，主人公回到數世紀前，並作了點小小的投資。投資所獲得的利潤在數世紀內不斷複式地累積和擴大，終於為今天的主人公帶來巨富——從而使他可以斥資建造時間機器，並回到過去進行他的投資！

俗語有云：「能知三日事，富貴萬千年」，的確，我要是知道明日的賽馬結果，或是哪隻股票會大升，或是下次彩票的頭獎號碼，自會「富貴逼人來」！可是大家有沒有想過，預知未來也可以帶來可怕的後果？鬼才導演提姆·波頓（Tim Burton, 1958- ）在奇幻電影《大智若魚》（*Big Fish*, 2003；港譯：《大魚奇緣》）之中，便講述主人翁遇上女巫，而女巫可以讓他看到自己死亡的一刻。或者你會說，既然知道自己將如何死亡，不是可以盡力避免有關的情境出現，從而「騙過」死神嗎？相信不用我說大家也猜到了：無論我如何努力，最後總會「神推鬼擁」，造成了死亡情境的出現。好了，如果真的這樣，你還想知道嗎？

而假如知道了，你的餘生會快樂還是痛苦呢？

　　一九五〇年，克拉克在短篇〈時間的箭向〉（Time's Arrow）中雖沒有突出時間旅程的悖論成分，卻也在類似的主題上帶來點兒驚心動魄的效果。一班古生物學家在一片乾涸了的河床上進行發掘工作，發現泥層下埋藏著巨形食肉恐龍的足印，而且足印間的距離越來越大，表示恐龍正在越跑越快。另一方面，領導發掘的教授與附近一所秘密研究基地的物理學家交上了朋友。原來物理學家正在研究液體氦的「逆熵」（negative entropy）性質，進而探討將時間逆轉的可能性。

　　古生物學教授的最大興趣，是能夠回到洪荒時代親身觀察古生物的生態。一天早上，教授的助手發覺教授、整個研究基地和他們平時用的吉普車一併失了蹤，而在千百萬年來首次重見天日的泥層上，卻駭然發現吉普車車輪的痕跡，以及其後在追趕並即將追上的恐龍的足跡——至此他們才明白，為何恐龍正在越跑越快！

　　我們若能回到過去，將會影響過去所發生的事情，從而改變今天的狀況（例如泥層中的痕跡）——這是《時間的箭向》背後的意念。這種「改變歷史從而改變今天」的邏輯，是科幻小說中一項極豐富的創作素材。這方面的經

典之作，首推雷‧布萊伯雷（Ray Bradbury, 1920-2012）於一九五二年所寫的《一聲雷響》（*A Sound of Thunder*）。故事的內容碰巧也和恐龍有關，但這次卻是「時間觀光局」刻意安排的恐龍狩獵旅程。為了避免因干擾過去而改變現在的危險，觀光局採取了極嚴密的措施：狩獵者所射殺的恐龍都必須是在原來的歷史中會因意外而即將死去的恐龍，而射殺的時間亦只能是原本的死亡時間前的一、兩秒左右。此外，狩獵者必須自此至終踏在事先敷設的棧道之上，而絕不能干擾棧道以外的事物。故事的主人翁出發時正值美國總統大選，而兩名角逐的候選人中，其中一名可說已穩操勝券，勢必以壓倒性的姿態勝出。然而主人翁在狩獵時只是不慎踩死了小徑旁的一隻蝴蝶，回來時卻駭然發覺當選的是另外一位候選人。

數千萬年前死了一隻蝴蝶，竟導致數千萬年後一趟總統競選的結果逆轉，這當然是匪夷所思和幾近兒戲。但布萊伯雷之採取這種戲謔手法，正為了突出故事背後的意念，以及加強戲劇的效果。在這兩方面，他都是十分成功的。

故事的意念在於：歷史是由無數必然和偶然的事故互相影響、衍變和累積而成的。只要我們稍微改動過去——哪怕只是踩死一隻蝴蝶，將會引致一系列因果上的鏈鎖反

應，變動的影響不斷累積和擴大，就像滾雪球一樣，最後可以令到今天的狀況面目全非。

有趣的是，十多年後，科學家羅倫斯（Edward Lorenz, 1917-2008）為了研究大氣層變化而進行電腦模擬演算時，無意間發現了「決定性混沌」（deterministic chaos）這種現象，他後來作出了廣為人知的比喻「**蝴蝶效應**」（**Butterfly Effect**），即一隻亞瑪遜森林的蝴蝶只要多拍了一、兩下翼，便可能導致遠處如美國德薩斯州出現大風暴。科幻小說可是跑在這個比喻的前頭呢！

按照布萊伯雷的設想，這種令今天「面目全非」的結果，當然會被干擾歷史的人（如果他還存在的話）所察覺，並使他感到莫大的驚訝。但科幻作家泰恩（William Tenn, 1920-2010）卻提出了一套相反的見解。在他的短篇〈布卡林計劃〉（Brooklyn Project, 1948）中，他指出了歷史既然包含一切，一旦發生變化，則任何事物，包括當事人的記憶和意識，都會隨著改變，以致沒有人會察覺變化曾經發生。也就是說，《一聲雷響》中的主人公狩獵回來後，將會覺得競選結果理所當然，而不會察覺「現實」較他出發前走了樣。

而這正是絕大部分「回到過去改變歷史」的科幻故事

的通病。隨便舉一個例子，在二〇〇六年上映的好萊塢（港譯：荷里活）電影《時空線索》（*Déjà vu*；港譯《時凶感應》）之中，新奧爾良市的一艘渡輪在一趟恐怖襲擊中發生爆炸，結果導致數百人死亡。男主角是一名聯邦密探，他透過了剛發明的時光機回到爆炸的前數天，為的是偵破恐怖份子的巢穴，從而阻止慘劇發生。幾經波折後，他終於成功了，卻為此犧牲了性命。但故事的結局，是男主角坐在沒有爆炸的渡輪上，而被他拯救並且彼此已墮入愛河的女主角，被警察從海中救起後，竟從「男主角已死」的「時間線」（time line），來到了「男主角沒有死」的「時間線」，並且彼此在渡輪上重逢……。浪漫是夠浪漫了，但中間的因果關係卻是顛三倒四，不知所云。

在科幻小說中，一個處理時間旅行引起的邏輯悖論的認真嘗試，是科幻作家格雷戈里・班福德（Gregory Benford, 1941-）於一九八〇年所寫的《時域》（*Timescape*, 1980）。故事在處於兩個時空的劍橋大學和加州大學中發生，前者處於一九八〇年（即寫作那年）之後十八年的未來（即一九九八年），後者則處於十八年前的過去即一九六二年。

話說一九九八年的地球環境，已經因為人類的大肆破

壞而爆發各種災難，其中最嚴重的，是不斷擴散並已到了失控地步的海洋藻類繁衍。繼續下去的話，全球的海洋將會死亡，而人類也難以倖免。

故事主人翁之一是這個未來中的一個劍橋物理學家，而另一個則是處於過去（一九六二年）的加州大學物理學家。話說前者在研究「**超光速粒子**」（tachyons，**又稱快子；迄今只是一種理論臆測**）的性質時，發現它們可以令時光倒流，但傳返過去的只能是訊息而非任何實物。他於是想到將人類即將沒頂的警告傳返數十年前，著令那時的人立即改弦更張停止破壞大自然，以免數十年後自招滅亡。

幾經嘗試之後，訊息終於被加州大學的一名科學家截獲，但由於大學裡的官僚主義作風以及學者之間的爭權奪利爾虞我詐，訊息一直無法上達執政者及廣為發布。這項穿越時空的救亡大行動是否會失敗告終？這正是小說吸引讀者追看下去之處。

為了解釋小說如何處理其間的邏輯悖論，筆者不得不進行「劇透」。救亡行動終於成功，而人類改轅易轍力挽狂瀾。但問題是，如果發放警告的未來科學家成功改變了歷史，又何來往後的全球災劫，從而引發這個科學家發出警告呢？作為讀者的我當年焦急地等待結局提供的答

案。而當年屬於非常新鮮的答案使我由衷折服，原來作者採用了量子力學中的「**多重世界詮釋**」（Many-Worlds Interpretation），亦即任何可能的干擾都會衍生出一個「新的現實」。也就是說，加州科學家成功改變了世界的發展方向，是「創造了」一個「在一九九八年沒有出現毀滅性災劫」的世界。相反來說，劍橋科學家的努力只是導致這個「新現實」（又稱「平衡宇宙」）的出現。而在他身處的那個現實，災難仍是無可避免……。

　　姑毋論改變過去導致的變化會被當事人察覺還是不會被察覺，這種「牽一髮而動全身」或「滾雪球式」的歷史概念確實惹人深思。我們翻開歷史，確實不難找到一些重大的轉折時刻，都是由微小或偶然的事故所決定的。我們往往會問：如果阿提拉（Attila the Hun）席捲歐洲時沒有暴卒、如果鄭和艦隊稍再南駛繞過好望角、如果希特拉的 V2 飛彈早兩年研製成功……那麼歷史將會變成甚麼樣子呢？

　　然而，另一些人卻對歷史的發展抱有不同的見解。在這些人看來，把歷史看成是偶然事件的組合，是有昧於社會發展規律和歷史內在動力的無知和膚淺之見。不少歷史事件的發生，表面看來都由一些偶然的因素所導致，但這

些因素都只是適逢其會的誘因，而在事件背後，必有其更深刻更廣泛的基礎和動力。所謂「歷史潮流不可抗拒」，就算奧國太子斐迪南沒有被暗殺，第一次世界大戰仍會爆發；而就算 V2 飛彈早兩年研製成功，納粹德國欲吞併世界的企圖仍會失敗。

將這種觀點應用到時間旅程之上，我們的結論是：歷史本身有巨大的自我修正或自我復原的能力，而時間旅客所造成的干擾，都只能是有限的、暫時的，最終也會被歷史的巨流所吞噬和掩蓋。不要說殺死一隻蝴蝶，就是殺死了一個歷史名人，也不會令歷史改變多少。

這兩套截然不同的觀點——我們姑且稱之為「鏈鎖反應論」和「歷史巨流論」——究竟誰是誰非，實在不易判別。但對於科幻作家來說，誰對誰錯也沒多大關係，因為兩者都是編織精彩故事的上好材料。

在「歷史巨流論」或「歷史不變論」的基礎之上，一些科幻作家更進一步，提出了一套匪夷所思的「全史論」。按照這套理論，我們如今所看到的歷史，事實上已包含了所有時間旅客干預的結果！換一個角度看，如果沒有時間旅客的干預，我們今天的歷史就可能不是這個模樣。

在這方面的經典之作，首推沃德·摩爾（Ward Moore,

1903-1978）於一九五三年所寫的《幸福頌歌》（*Bring the Jubilee*）。在故事裡，全仗時間旅客的干預，美國「南北戰爭」中的北軍，才可戰勝南方的同盟軍，從而解放黑奴，開啟我們今天熟知的歷史。

其實早於一九四一年，里昂·斯普拉格·第坎（L. Sprague Camp, 1907-2000）在他的短篇《力拒黑暗》（*Lest Darkness Fall*, 1941）之中，即已採用了類似的意念。故事中的主人公因雷殛而返回羅馬帝國末期。其時北方的蠻族入侵，眼看帝國即將崩潰，而歐洲的黑暗時代將會比歷史中所記載的提早降臨。主人公於是「作出」了一系列「發明」——其中包括阿拉伯數目字、輓馬法、蒸餾法等，終於力挽狂瀾於既倒，令羅馬帝國能苟延殘喘，延遲了黑暗時代的來臨。

在中文科幻創作中，一個類似的作品是作家阿越最初於二〇〇五年發表的小說系列《新宋》。故事中一個今天的大學生不知怎的回到了北宋時代，並且憑著他的現代知識飛黃騰達，最後更協助王安石和神宗推行政治改革。至二〇二一年，這個系列已經出版了十六冊之多，堪稱中文科幻篇幅最為龐大的作品。然而，這部作品作為歷史小說可說成績斐然，但作為科幻小說則欠缺意念上的進一步的

發揮。

　　無論是《幸福頌歌》、《力拒黑暗》或是《新宋》，都只是著眼於歷史的詮釋之上，而未有充分發揮「全史論」中的悖論成分。相反，阿爾迪斯於一九五六年所寫的短篇故事〈玄機妙算〉（T），卻相當巧妙地突出了其中所涉及的循環悖論。故事發生在遙遠的未來，人類正和一族科技高超的外星人進行大戰。外星人因節節敗退，終於想出了一條「釜底抽薪」的絕妙計策。他們從一艘擄獲的人類太空船裡獲得一張太陽系藍圖，知道人類的發源地是太陽系中從外而內計算的第七顆行星（留意這個故事撰寫時，冥王星仍是「九大行星」之一）。他們於是建造了一批能夠穿透時空的毀滅器，返回湮遠洪蒙的時代，要在人類的遠祖還未在地球上出現時便把這第七顆行星摧毀。最後他們成功了，但結果只是做成了我們今天所知的太陽系，而人類仍好好地生存。為甚麼？這是因為在外星人毀滅器回到的過去，太陽系實有十大行星。既然第七顆行星被毀滅了，原先的第八顆於是成為了第七顆，亦即人類的家鄉地球！

　　當然，如此愚蠢的外星人打不過地球人實毫不出奇⋯⋯。

　　基於「全史論」的觀點，既重歷史詮釋也重邏輯悖論

的經典作品，莫過於阿西莫夫於一九四八年所寫的〈紅王后賽跑〉（The Red Queen's Race）。在這篇故事裡，一本化學的教科書被譯成古希臘文並被送返二千多年前的希臘。擅自進行這項實驗的教授後來被人揭發，並被指控他這樣做會干擾歷史，可能導致難以估量的破壞性後果。但教授所作的解釋卻是出人意表：他這樣做正是為了要維持現狀。因為按照他的研究，我們的這個「現在」，正是這本化學書籍曾被送返古希臘所衍生出來的「現在」。若不把書籍送返，那才會令到歷史「出軌」和現實變樣！這種情況就有如《愛麗斯夢遊仙境》中所描述的「紅色皇后國度」。在這個國度裡，人們要不停地奔跑才能保持在原來的位置。同樣道理，我們要不停地干預歷史，才能維持歷史的現狀！

「全史論」的觀點，也出現於張系國所寫的《城》三部曲（《五玉碟》、《龍城飛將》、《一羽毛》，1983-1991），書中稱為「全史學」。作者深知由此衍生的人類「自由意志」與歷史「宿命論」之間存在著重大矛盾，但正是這種矛盾帶來了戲劇性的效果。書中的「呼回文明」由於已經透過「全史」得悉歷史未來的發展，知道自己將會盛極而衰，最後喪失了鬥志而步向衰落。這當然又是一個邏輯上的悖論。

太玄妙了嗎？時間旅程背後正是充滿著這些玄妙奇趣的概念遊戲。如何在這遊戲中發掘新的奇趣，是對科幻作家的一項挑戰；而領略這些奇趣，則是科幻讀者的一項最大享受。

在科幻電影方面，《侏羅紀公園》（*Jurassic Park*, 1993）的原作者米高・克萊頓（Michael Crichton, 1942-2008）亦曾於一九九九年寫了一本講述時間旅行的小說《時間線》（*Timeline*）。二〇〇三年小說被改編搬上大銀幕，臺灣稱《決戰時空線》（港譯：《迷失空間》），但成績平平。

以趣味性而言，更值一看的是二〇〇〇年上映的《黑洞頻率》（*Frequency*，港譯：《隔世救未來》）。故事講述身為消防員的父親在一場火災裡殉職。多年後，他的兒子無意中透過一具舊的業餘無線電對講機與過去仍然在生的父親聯繫起來。興奮莫名的他告訴父親有關火災的悲劇，結果父親避過了危險安然渡過。但事情真的這麼簡單嗎？恕我賣個關子，好讓大家觀看電影時從峰迴路轉的情節中尋找樂趣。

過去十多年來，無論是日本、韓國、臺灣、香港還是中國大陸的電視劇集，都大量採用了「穿越」作為主題，可說已經到了泛濫成災的地步。在筆者看來，這既是潮流

所致，也是因為不少編劇的懶惰。無他，因為穿越時空本身已甚具戲劇效果，編劇在故事方面便毋須再花甚麼心思，很快又可以完成一個新劇本……。

問題是，絕大部分這些作品，其實無法超越它們的鼻祖，那便是大導演史提芬‧史匹堡於一九八五年攝製的《回到未來》（*Back to the Future*）。片中不但擁有精彩的因果悖論成分（由兒子回到過去撮合父母的姻緣！），而且輕鬆惹笑，情節緊湊，娛樂成分滿分。作為一部老少咸宜的科幻喜劇，這部作品的經典地位實難以取代。

無論是新鮮感還是娛樂性，電影的續集《回到未來 II》跟首集差了好一截，但其中一幕天才教授在黑板上以粉筆繪圖來解釋不同「時間線」之間如何交錯和相互影響，是這類概念在大銀幕清晰展示的首次，所以還是值得一看。不過，雖說「清晰」，恐怕戲院裡的大部分觀眾仍是聽得一頭霧水呢。

最後要介紹的，是另一部經典科幻電影，一九八四年上映的《終結者》（*Termintor*，港譯：《未來戰士》），以及相隔了七年的續集《終結者 2：審判日》（*Terminator 2: Judgement Day*, 1991）。雖然往後還有好幾部續集，但故事的主要意念在這兩集已經充分表達，其餘續集數可看

可不看。

　　大部分觀眾都把《終結者》系列看成是「機械人叛變」類型（甚至是「原型」）的電影，這基本上沒有錯。但在筆者看來，它所涉及的時間旅程悖論卻是更為有趣。話說人類建立的電腦網絡「天網」（Skynet）在一九九七年八月二十九日甦醒（即開始擁有自我意識），恐慌之下的人類急忙企圖截斷它的電源，可是卻已慢了一步。「天網」不但控制了一切，更先下手為強地將美國的所有洲際導彈射向蘇聯，而將蘇聯的所有洲際導彈射向美國（身處一九八四年的編劇當然無法預計到了一九九七年，蘇聯已不存在世上！這是「事實比想像更離奇」的一大例子。）不用說人類文明在這場核子災劫中毀於一旦，數十億人因此喪生。然而，浩劫餘生的一些人類不甘心被機器統治，於是組成了地下軍以和機器（今天我們會用 AI 這個稱謂）對抗。

　　故事一開場，是人類雖然無法推翻機器統治，但因為人類有一個極其出色的首領，機器也沒法徹底剷除人類地下軍。最後機器想到了一個斧底抽薪的方法（還記得之前介紹過的故事〈玄機妙算〉嗎？），那便是透過新發明的時光機，把一個機械人殺手送返二十世紀八〇年代，為的

是要把地下軍首領的母親在黃花閨女的時候殺掉。因為如此一來，這個首領便壓根兒沒有機會出世，更遑論率領人類與機器對抗。

可是機器這個圖謀被人類發現，地下軍首領更透過搶奪回來的一部時光機，派遣自己最親密的戰友返回同一年代以保護他的母親。電影的首集講的，主要便是這個護花使者如何為了保護這位「未來母親」而跟機械殺手大打出手。到了電影的尾段，護花使者與被保護者情愫日增，最後更在決戰前夕一夜纏綿。大家是否已經猜著？（假設你未看過電影）不錯，原來這個護花使者就是這個未來地下軍首領的生父！他最後在決戰中犧牲了，而女主角則帶著他的骨肉繼續逃亡……。

大家看到這條咬著自己尾巴的蛇了嗎？如果沒有這個未來首領出世，機器不會派出殺手回到過去。如果沒有刺殺圖謀，人類首領不會派遣護花使者。但如果沒有護花使者，這個未來首領便不會出生！其間究竟何者是因？何者是果？當然是剪不斷、理還亂。而這，正是時間旅行科幻引人入勝（也是惱人）之處。（留意這部電影於一九八四年面世，亦即較一九八五年的《回到未來》還要早呢！）

以改變過去作為戰爭手段的經典科幻作品，實可追溯

至弗里茨 · 萊伯（Fritz Leiber, 1910-1992）於一九五八年發表的《The Big Time》。小說中，未來兩族人類正在進行一場「時間大戰」，彼此不斷回到過去改變歷史，以令今天的自己取得戰爭上的優勢。近五十年後的科幻電影《明日邊界》（Edge of Tomorrow, 2004；港譯：《異空戰士》）也採用了類似的意念，就是透過「時間重置」手段，以在對抗外星生物侵略的慘烈抗爭中取得決勝的機會。由於電影情節迂迴節奏快速，屬於「燒腦」之作。

說到「燒腦」，近年廣被談論的一部電影是大導演諾蘭的《天能》（Tenet, 2020）。但恕我就此打著，因為如果詳細講解這部電影的情節和背後的邏輯，篇幅可能會比這篇文章更長！大家有興趣的話，網上有很多討論和作出深入分析的文章（包括其間涉及的縱橫交錯的「時間線」），大家可以選擇一些來看看。

如果大家特別愛看「燒腦」電影的話，筆者強烈推薦一部二〇〇四年的超低成本獨立製作《迴轉時光機》（Primer）。這部電影的成本不到《天能》的百分之一，但在探討時間旅行的邏輯悖論和道德哲學窘境方面可說有過之而無不及，大家請勿錯過。

時間旅程的喜劇、悲劇、悲喜劇

在各類型的時間旅行科幻中，最使人目不暇給的，首推以「現在回到過去」為主題的故事。而就在這一類型之中，亦可再分為多種不同的「亞類型」。這些劃分主要反映了作者對同一題材的不同處理手法。

例如一些作者較喜歡集中地表現時間旅程所引致的邏輯悖論。這方面的代表作是海萊因的《畢能自拔》。而海氏的另一短篇〈你們這班行屍走肉〉，更是這方面的極品。故事中的主人翁在時間中穿梭往來，最後發現他的父親、母親、情人甚至他的女兒，原來都是他自己在時間中的各個化身！

另一些作者則較喜歡把邏輯悖論和歷史結合起來。這方面經典之作是摩爾以美國南北戰爭為背景的《幸福頌歌》，此外還有賓納以英國敗於西班牙「無敵艦隊」為背景的《無數的時間》（*Times without Number*, 1962）。

在輕鬆的一面，利用時間旅程帶來幽默效果的作品也不少。除了萊斯特的〈第四度空間示範器〉外，我們還有賓

納描述透過時間機器舉行一次家族大團敘的《時間鏟子》（*Timescoop*, 1969），以及約翰・盧瑪（John Keith Laumer, 1925-1993）的《時間機器大騙案》（*The Great Time Machine Hoax*, 1964）和卜・蕭（Bob Shaw, 1931-1996）的《誰赴這方？》（*Who Goes Here?*, 1977）等令人捧腹的作品。細心的讀者可能察覺，後者的名稱是坎貝爾的著名短篇《誰赴那方？》（*Who Goes There?*）的幽默借用。（這個短篇曾兩度被拍成電影：一九五一年的《The Thing from Another World》和一九八二年的《突變第三型》〔*The Thing*，港譯：《怪形》〕。）

至於最令人捧腹的時間旅行科幻電影，只能說一句：捨《回到未來》其誰！

回到過去的科幻故事不一定涉及邏輯悖論。例如傑克・威廉遜（Jack Williamson, 1908-2006）所寫的《月球時代》（*The Moon End*, 1932），就只是透過時光倒流來展示假想中的遠古月球世界畫像——一個有空氣、有水分而且生氣勃勃的年輕月球。而盧瑪所寫的《一絲回憶》（*A Trace of Memory*, 1962），則把我們帶回石器時代的英國，讓我們目睹著名遺跡「石柱群」（Stonehenge）初建時的雄姿。西瑪克的短篇《小鹿》（*The Small Deer*, 1965），則企圖解答古

生物學上長久爭議的一個題目——恐龍滅絕之謎。主人翁透過時間機器返回恐龍時代，發現恐龍之所以消失，原來是因為被外星人大批的運走！

能夠回到過去，目睹歷史發生時的真實情形，這當然是我們每個人心中都渴望的一回事。為了避免糾纏不清的因果悖論，一些科幻作家假設我們只能「偷窺」過去，即不能對過去的事情作出任何改變（包括讓過去的人知道我們正在窺探他們）。哈里‧哈里遜（Harry Harrison, 1925-2012）的《名言首錄》（*Famous First Words*, 1965），就假設我們能「偷聽」歷史上的名句首次被發表時的情形。但一聽之下，卻發覺不少「名句」的誕生，可與我們一向所了解的情況大不一樣。

大不一樣還罷了，阿西莫夫所寫的《前塵往事》（*The Dead Past*, 1956），更指出了能夠窺探過去會帶來重大危險。因為我們一般以為「逝者如斯」，過去的經已過去，只有歷史學家才會感到興趣。卻沒有想過，一千年前固然是過去，一分鐘前甚至一秒鐘前不也是過去嗎？能夠偷窺過去任何一個時空所發生的事情，亦即能夠獲悉每個人及至每個政府過去（直至千萬分之一秒前）的一切所作所為。若此則所有個人的私隱將蕩然無存，而一切政府的機密亦

無法維持，整個社會將陷入一片紛亂之中。

　　其實，早於一九四七年（《前塵往事》發表的九年前），一位不大知名的作家托馬斯‧雪勒（T.L. Sherred）即已抓著了這一關鍵，並以此寫出了一個動人的故事。在這篇名為《E代表努力》（*E for Effort*）的故事裡，一個科學家發明了一副「時間偷窺器」，並秘密地用它來拍成一些歷史故事片。但諷刺的是，不少專家和學者竟指出這些電影的內容與「史實」不符——也就是說，與他們心目中的史實不符。後來，這一秘密被政府發現，科學家被聯邦調查局逮捕，偷窺器則被充公。在法庭上，科學家道出了他的真正意圖：透過逐步的示範和引導，他打算將這一發明公諸於世。一旦全世界都擁有這偷窺器，則任何敵對的國家也可清楚地看到對方的一舉一動，任何政府也不可能繼續蒙蔽它的人民，而任何邪惡集團的陰謀也將註定失敗……。換句話說，偷窺器可以驅除虛假、打破隔膜，帶領人類進入一個和平正義的新世界。

　　但事情的發展卻與科學家的意願截然相反。偷窺器存在的消息，引起了全世界的混亂和騷動。美國政府本欲以此為秘密武器，稱霸全球。結果卻挑起了蘇聯進行先發制人式的核偷襲，令世界陷入一場核戰浩劫之中。

「你會知道真相，而真相將使你變得自由。」（Ye shall know the truth, and the truth shall make you free.），這是聖經中的一句名言。但讀了這篇故事後，相信任何人對這一名言都別有一番體會，並對故事所揭示的人類愚蠢，感到唏噓不已。

從喜劇到悲劇、從輕鬆到嚴肅，這充分反映了時間旅程科幻是一片何等廣闊的創作沃土。

在這片沃土之上，我們還有一些專門描述與歷史名人相遇的有趣作品。例如曼利・韋德・威爾曼（Manly Wade Wellman, 1903-1986）的《重覆兩次》（*Twice in Time*, 1957）和基特・里德（Kit Reed, 1932-2017）的《達芬先生》（*Mister Da V.*, 1962），就描述時間旅客和文藝復興大師達・芬奇（Leonardo Da Vinci, 1452-1519）的相遇。而阿爾迪斯的《佛蘭克斯坦的解放》（*Frankenstein Unbound*, 1973），則使我們重遇十九世紀初的著名詩人拜倫和雪萊，並重現《科學怪人》（*Frankenstein*，原名《佛蘭克斯坦》，為雪萊的妻子瑪麗所寫）這本書的誕生經過。

在眾多歷史人物中，較為受科幻作家青睞的還有美國總統林肯（Abraham Lincoln, 1809-1865）。威爾遜・德加（Wilson Tucker, 1919-2006）的《追尋林肯的人》（*The*

Lincoln Hunters, 1957）和史弗堡的《刺客》（*The Assassin*, 1957），都以刺殺林肯為故事的主題。後者更描述時間旅客企圖阻止林肯遇刺，但最終仍歸失敗，暗示了歷史是無法改變的。

但相比之下，無論是哪個歷史人物，在科幻作品中出現次數之多，都不及以下這一個人（或神？）：耶穌。像《刺客》一樣，亞瑟·波傑斯（Arthur Porges, 1915-2006）的《拯救者》（*The Rescuer*, 1962）企圖回到過去拯救耶穌，免他被釘十字架而死。而史弗堡的《排隊》（*Up the Line*, 1957）和加里·基胡夫（Garry Kilworth, 1941- ）的《讓我們前往各各他》（*Let's Go to Golgotha*, 1975），則描述「釘十字架」這一歷史事件成為了時間觀光中最受歡迎的一站。但問題是，每年喬裝前往觀光的遊客近百人，多年下來聚集到各各他山（Mount Golgotha）上圍觀的遊客必然有數千之眾。多了這麼多人，新約中自應有所紀錄才是。由此我們只能作出這樣的結論：聖經裡所記載的圍觀人群，其實全部都是喬裝的時間旅客！

以耶穌為題材的眾多科幻創作之中，最令人難忘的莫過於邁可·摩爾科克（Michael Moorcock, 1939- ）於一九六七年所寫的《看，這個人》（*Behold The Man*）。故

事中的主人公是一個受著理智和信仰煎熬的基督徒。他為著要證實耶穌確實是神的兒子，毅然坐上時間機器返回耶穌時代的拿撒勒。可是當他找到木匠約瑟和他的妻子瑪利亞的家中時，卻駭然發現他們的兒子竟是一個弱智的低能兒！

受著這個沉重以極的打擊，主人公懷著悲慟和失落的心情躑躅堤上，後來跟那兒的漁夫傾談起來。不久，漁夫受到他那充滿著智慧的言談所感召，一個一個拋下罟網，成為了他的追隨者……聰明的讀者應已猜著：歷史上的耶穌，其實就是這個時間旅客的化身！主人公找尋基督，最後卻自己變了基督，並且重覆著新約中所記載的一言一行，直至被釘上十字架為止！

作為一個寓宗教於時間旅程的故事，摩爾科克這篇《看，這個人》可說匠心獨運。加以劇情的描寫細膩逼真，讀來使人有一種震撼的感覺。

除了用於旅遊觀光或尋求信仰的見證外，時間旅行的另一用途，是返回過去採訪歷史事實發生的經過，並回到現在寫出第一手的報導。雷諾士的《攝影記者》（*Photo journalist*, 1965），正是描述一個這樣的「時光記者」，穿梭往來於歷史中作採訪的經歷。

富於商業頭腦的人，當然不會單單滿足於以「觀光」和「採訪」來賺錢。哈里遜在他那輕鬆惹笑的長篇小說《七彩時間機器》（*The Technicolour Time Machine*, 1967）之中，描述一位美國導演妙想天開，率領外景隊返回十一世紀時的北美洲。這是因為他新開的古裝電影中需要大量維京人（Vikings），而根據某些歷史記載，維京人早於哥倫布四百年前的十一世紀，便已橫越大西洋發現新大陸。返回那時拍外景，可省回大量「臨記」和服裝的費用。然而，人算不如天算，天下間那有這麼便宜的事情，最後整件事弄到一團糟收場……。

商人會想出種種方法利用時間旅行來賺錢，那麼政府又如何呢？

政府最著重的永遠是兩個字：控制。如果時間旅行真的可能，任何政府第一時間想到的，是怎樣去管制它，一方面是防止人們利用它來犯罪，另一方面是怎樣利用它來鞏固自己的統治。在一個更宏觀的層面，是怎樣防止人們回到過去肆意改變歷史，從而令到天下大亂。

由此出發，不少科幻作家都假設未來世界設有「時間局」（Time Bureau）以及「時光巡邏隊」（Time Patrol）。科幻作家安德遜（我們之前介紹過他的作品《衝

向光速》）早於上世紀五〇年代便以此為題寫了一系列精彩的故事，它們後來被收錄到《Guardians of Time》（1960）和《Time Patrolman》（1983）等多本結集之中。

我們之前已經介紹過阿西莫夫的多篇作品，但除了著名的《銀河帝國系列》和《機械人系列》之外，他最受推崇的一本獨立長篇小說正與時間旅行有關，這便是一九五五年發表的《永恆的終結》（*The End of Eternity*）。故事裡，未來世界中有一個稱為「永恆」（Eternity）的組織，組織中的成員都是千挑萬選的精英，稱為「永恆族」（Eternals）。永恆族的任務與安德遜的「時光巡邏員」截然不同。巡邏員的任務是保證歷史不受破壞性的干擾，但永恆族的任務則是刻意調整歷史，以增進人類的長遠福祉。主人翁正是永恆族的一份子，他在經歷了充滿挑戰的各項任務後，最後要面對的竟是一個驚人的抉擇，那便是應否調整歷史，以令「永恆」這個組織從未出現！他最終如何抉擇，不用說有待各位閱讀這本精彩作品自行找出答案。

政府還會怎樣利用時間旅行來為它的管治服務呢？一個最簡單（也可說是最低層次）的方法是：把判了罪的犯人放逐到時間之中！這便有如十八、十九世紀時，英國將

大量囚犯運往偏遠的澳洲一樣。以此為題材的作品，有約翰‧基斯杜化（John Christopher, 1922-2012）的《死刑》（*Death Sentence*, 1954）和史弗堡的《時間跳躍者》（*The Time Hopper*, 1967）和《霍斯比爾流徙站》（*The Hawksbill Station*, 1968）等。後者描述一班與當權政府持相反意見的政治犯，被流放到六億年前的寒武紀，以及他們致力逃脫，重返現在的經過。小說充分寫出了寒武紀時大地一片蒼涼的味道（那時生命還只限於海洋，陸地上是死寂一片），對時間悖論的處理亦頗出色，是一部頗為成功的作品。

我相信不少人都會偶然突發奇想，希望能夠回到歷史上的某個年代，一方面可以體驗古人那種遠為簡單純樸的生活，一方面可以享受未被工業文明污染的自然生態。如果時光倒流真的可能，你會選擇回到哪個時代呢？是漢、唐的盛世？還是更遠古的石器時代？此外，如果我們能夠選擇「重頭來過」，你是否會改變你過往很多決定？甚至包括你選擇的配偶？另一方面，如果你能夠一下子跑到十年、二十年甚至五十年後的未來一看，你是否真的有這樣的膽量？如果發現十年後你原來已經不在人世，你可以承受得起打擊嗎？凡此種種，都是時間旅行帶給我們的思想衝激。

在一些科幻作品中，預知未來的能力只限於很短暫的時間。例如在二〇〇七年的電影《關鍵下一秒》（*Next*，港譯：《天眼救未來》）之中，男主角只能預知未來兩分鐘之內發生的事情。當然，即使這樣已可帶來很大的行動優勢，以至政府和犯罪集團皆同時想捕獲他以為己用。然而，電影拍得很爛，結局更令人有受騙的感覺，不看也沒有甚麼損失。

香港於二〇二〇年上映的一部電影《一秒拳王》也採用了類似的意念，但預知的能力更短，只有區區一秒。顧名思義，男主角利用這一秒的優勢登上了拳王的寶座。這原本是一個頗為出色的科幻橋段，然而故事發展下去，主人翁因意外喪失了這種異能，而故事回復至老套的勵志窠臼，實在叫人可惜。

本文介紹的作品不少，但正如梁啟超先生所說：無論旁人對你形容曬太陽是何等有益何等舒服，但你不親身去感受一下，再多的形容也是沒有意思的。所以不要等了，按照本文的介紹，去找其中的一些作品來讀讀吧！

媽的「瘋狂」宇宙

量子力學與多重人生

人生的一個基本智慧，是我們必須珍惜生命以及身邊的人及事，因為人生沒有「take two」（再來一次）。推而廣之，是歷史沒有「如果」。無論我們覺得如何遺憾，發生了的事情已然發生，與其不斷追悔，不如積極地向前看，全情投入至令「明天會更好」。

從無法逆轉的抉擇，到平行時空

但人總喜愛想像，現實世界中無法「重頭來過」，但小說和電影的虛擬世界當然可以。在好萊塢電影《今天暫時停止》（*Groundhog Day*, 1993；港譯：《偷天情緣》）之中，男主角最先猶如惡夢般不斷在同一天的清晨醒來，後來卻利用這個機會不斷改善他的追求技倆（不但 take two，更 take three、take four……），最後贏得美人歸。

電影為觀眾帶來了美滿的結局。但筆者最早領略「如

果」作為小說創作中的奇思妙想，卻令我傷感不已。話說筆者自初中已經愛上科幻小說。大概是中三、四那年，我在公共圖書館借了一本英文的短篇科幻小說集，其中一個以「如果」為題的故事（名稱早已忘記）令我畢生難忘。

故事中，一對恩愛的小夫妻駕車外出，丈夫有點兒不適所以改由太太開車。不幸途中遇上車禍，坐在司機位的太太重傷身亡。丈夫悲痛不已終日借酒澆愁，揮之不去的自責是「如果我那天沒有跟她對調位置……」。

一天，他在拾理太太的遺物時，竟然發現她的日記簿中有新的記事！讀將下來，原來在另一時空裡，兩人當天的確沒有對調位置，所以因車禍去世的是他而不是愛妻！這兩個「平行時空」原本不會重疊，卻不知怎的透過這本日記簿接通了。結果，「陰陽相隔」的倆人藉著日記互訴衷情。

這本已是十分淒美的情節，但後來日記中的字樣變得愈來愈模糊，最後完全消失，表示兩個「平行宇宙」最終分離而回到互不相通的狀態。筆者當年雖然只有十五、六歲，被觸動的哀愁卻是久久不能平復……。

年少的我已經深深感受到，人生中充滿了無數偶然的變數，而一個簡單的決定，足以改變一生。

多年後，我看到另一部電影《雙面情人》（*Sliding Doors*, 1998；港譯：《緣分兩面睇》），發覺也是用上了同一意念：女主角每天搭地鐵上班，但某天因事遲了一點而趕不上平日搭的那班車。電影基於「趕得及」和「趕不及」兩種情況，描述了女主角往後出現的兩種截然不同的人生。（我後來才知道，這乃改編自一部一九八一年的波蘭電影。）

歷年來，運用這類意念創作的小說和電影可謂不少，近年流行的好萊塢「超級英雄」電影中，《奇異博士》（*Doctor Strange*, 2016）和它的續集《奇異博士 2： 失控多重宇宙》（*Doctor Strange in the Multiverse of Madness*, 2022；港譯：《奇異博士 2：失控多元宇宙》）更將「平行時空」的意念延伸為「**多重宇宙**」（**Multiverse**）。陣容更為龐大的《復仇者聯盟 3：無限之戰》（*Avengers 3: the Infinity War*, 2018）和《復仇者聯盟 4：終局之戰》（*Avengers 4: Endgame*, 2019）皆以同樣的意念作為故事主軸。當然，這些電影都由漫畫改編，亦即這些意念的出現時間比電影還要早得多。

但將這個意念發揮至極的，毫無疑問是二〇二三年橫掃奧斯卡最佳電影、最佳導演、最佳編劇多項大獎的「怪

雞」[1]電影《媽的多重宇宙》（*Everything, Everywhere All At Once*，縮寫是 EEAAO；港譯：《神奇女俠玩救宇宙》）。華裔演員楊紫瓊（1962-）更因此而封后（最佳女演員）；同樣是華裔的關繼威（1971-）以及潔美·李·寇蒂斯（Jamie Lee Curtis, 1958-）則分別獲得最佳男、女配角的殊榮。電影由兩位導演掌舵，雖然兩個都叫 Daniel，但一個是香港人關家永（Daniel M. Kwan, 1988-），一個是美國人丹尼爾·舒奈特（Daniel Scheinert, 1987-）。[2]囊括了這麼多大獎，電影的風頭可謂一時無兩。由於有這麼多華人參與其間，全球絕大部分華人皆感到與有榮焉。

外國的評論幾乎一面倒地對這部電影讚譽有加，包括其中所包含的深刻人生哲理、愛情與理想之間的抉擇、亞裔移民在美國所遇到的生活困難、世代之間的價值矛盾、同性戀（非主流性取向）的社會認同問題，以及貫穿電影的、最重要的母、女之情。不少網友更留言說看至結局時感動流涕。反倒在華人世界，包括不少筆者所認識的朋友，

1.　　編註：粵語，意指奇怪、荒謬。
2.　　編註：因二人名字皆為「Daniel」，而被合稱為「Daniels」。

皆對電影甚有保留，認為它寫情的部分毫無新意，而「科幻」的主題和情節則過於胡鬧不知云。（一些更認為電影被大肆吹捧，是近年席捲西方的「政治正確主義」的結果。他們更為另一位最佳女主角競逐者凱特·布蘭琪（Cate Blanchett, 1969- ）不值。但那是另一篇文章的主題，暫且按下不表。）

量子力學、哥本哈根詮釋、薛丁格的貓

　　我是屬於喜愛這部電影的那些人，雖然覺得西方傳媒實有過譽成分，但也著實覺得這是一部創意非凡的難得佳作。由於我是一個「科學發燒友」，對故事中採用的「多重宇宙」概念更是感到趣味盎然。由於大部分觀眾對有關的概念不大了了，讓我嘗試在此解說一下。

　　電影其實採用了現代物理學中的不是一個，而是兩個的「**多重宇宙**」（multiple universes）概念，其中一個來自研究超微觀世界的「量子力學理論」（theory of quantum mechanics）；另一個則來自研究超宏觀世界的「**宇宙學理**

論」（cosmology）。但歸根究底，兩者皆來自量子力學。

　　首先讓我們看看第一個，也就是我們方才說的「每一個決定」、「每一個如果」都會衍生出一個「平行宇宙」這個觀點。表面看來，這只不過是人類面對種種遺憾而產生的胡思亂想，有誰又會想到，一個類似的理論會是由嚴肅的科學家所提出來的呢？

　　話說上世紀二〇年代以來，人類為了探究超微觀世界的奧祕而逐步建立起「量子力學理論」。其中的核心部分，是薛丁格（Erwin Schrodinger, 1887-1961；另有譯名：薛定諤）所建立的**波動力學**（wave mechanics）。按照這一理論，組成世界的基本粒子如電子等的狀態，可以透過算解一條有關的「**波動方程式**」（wave equation）而獲知。具體而言，「方程解」中的「**波函數**」（wavefunction）的「**波幅**」（amplitude），給出了粒子處於某一狀態（位置、速度、自旋狀況等）的或然率（嚴格來說是「波幅的平方值」等於「狀態出現的或然率」）。

　　在對「波動力學」作出深入透徹的研究之後，一群以尼爾斯·波耳（Niels Bohr, 1885-1962）為首的科學家宣稱，波動方程實已包含了關於這顆粒子（也可延伸至某一物理系統）的所有信息，而「波幅平方」所顯示的「或然率」，

已經是我們對任何物理系統（亦可延伸至整個宇宙）的終極了解。也就是說，在最深刻的層次，「或然性」是「現實」的本質（Reality is fundamentally probabilistic.）。這種觀點，被稱為量子力學的「哥本哈根詮釋」（Copenhagen Interpretation）。

愛因斯坦雖然是波耳的好朋友，卻對這種觀點大不以為然。他不能接受「宇宙的本質只能是或然性的」這個結論。在他的眼中，我們不能排除這些「不確定性」，只是因為我們未有考慮一些我們現時無法察覺的「變量」。他這個觀點，被稱為「隱變量理論」（Theory of Hidden Variable）。

「哥本哈根詮釋」中的一個核心概念是「狀態疊加原則」（Principle of Superposition of States）。為了凸顯這一原則是如何地有違我們的常識和直觀，薛丁格於一九三五年提出了著名的「薛丁格的貓」（Schrodinger's Cat）這個擬想實驗。在實驗裡，一隻貓被放到一個閉封的鋼箱之中。箱內還放了一點兒放射性物質和相關的裝置。假如在一小時內，放射性物質中的一顆原子有百分之五十的機會發生衰變（radioactive decay），而衰變一旦出現，即會觸發箱內的一個輻射探測儀，並會通過預先設計的線

路和機械裝置放下一個錘子。錘子會打破一個裝有毒氣的玻璃瓶，貓兒便會因而中毒死亡。

按照「哥本哈根詮釋」，上述這個百分之五十的衰變或然率，是我們對放射性原子所能擁有的最終極認識。也就是說，一小時後，箱內的「波函數」有一半代表著已經衰變了的原子，一半則代表著一顆未衰變的原子，而總的波函數，則是這**兩個波函數的疊加**（superposition of two wave functions）。然而，按照箱內的設計，這表示代表著貓的波函數有一半是一隻死貓，另一半則是隻活貓。

當然，只要我們打開箱子一看，所看到的不是死貓便是活貓。但按照「哥本哈根詮釋」，這是因為「一看」這項觀測行為導致了**「波函數的塌縮」**（collapse of the wave function）：一是塌縮到只有死貓的波函數，一是塌縮至只有活貓的波函數，僅此而已。

結論是甚麼？結論是，在我們未打開箱子之前，貓兒必然存在於一種既死又不死，既不死又死的狀態！

量子力學的不可思議之處還不止此，因為按照物理學家理查·費曼（Richard Feynman, 1918-1988）提出的**「路徑積分」**（path integral）概念，在未進行觀測之前，這隻貓的波函數（姑且稱為「貓函數」）乃充斥於整個宇宙，

問題只是在於或然率的高或低。一旦我們進行觀測，宇宙中其餘地方的「貓函數」或然率會立即跌至零，而箱內的「死貓」或「生貓」的或然率則會變成百分之一百。

正正由於無法接受這種荒謬的結論，愛因斯坦始終認為量子力學是不完整的。然而，大半個世紀以來，無數的實驗皆支持哥本哈根詮釋下的量子力學架構，而並不支持愛氏的主張。

然而，「觀測行為導致波函數塌縮」是極其令人費解的一回事。首先，如果箱內裝有攝錄機並把情況記錄，這種儀器的「觀測」是否也會導致波函數塌縮而令「現實定形」？哥本哈根詮釋的回答是：在我們未察看這些錄像時，錄像其實也處於「錄到活貓」和「錄到死貓」的「疊加」狀態。只有當我們觀看錄像的一刻，錄像的波函數才會塌縮至一個特定的狀態。

如此看來，「觀測」似乎必須由具有意識的人作出，而意識（consciousness）這個難有嚴謹定義的現象，竟然在嚴謹的物理學中擔當著關鍵的角色。不用說，這令不少物理學家感到難以接受。

這還不止。假如打開箱子觀看錄像的科學家乃身處一個密封的房間，那麼按照正統的量子力學詮釋，相對於身

處房間之外的人來說，一旦他未打開房門找出結果，一旦房中的那個科學家都處於「看到了活貓錄像」和「看到了死貓錄像」的疊加狀態！

事實上，這種推論還可以繼續下去。於是，我們出現了「誰來觀測觀測者？」（Who observes the observer?）這個玄之又玄的問題。也是在中學時代，筆者看了一本由英國科幻作家阿爾迪斯所寫的「超靜態」小說《有關或然率A的報告》（*Report on Probability A, 1968*），其中正採用了這個奇詭的意念，而出乎意料的結局更令人拍案叫絕。大家有興趣看的話要有心理準備，因為必須頗有耐性才能忍受到它的「超靜態」情節。（我也佩服我當年能把書看完！）

為了克服上述的「唯意識論」和「觀測鏈」的「**無窮遞歸**」（infinite regress）等難題，一位年輕的科學家休‧埃弗勒（Hugh Everett, 1930-1982）在一九五七年提出了一個全新的理論。按照這個理論，觀測者和被觀測者之間根本無從分割，因此不存在前者把後者的波函數「塌縮」這回事。事實上，宇宙萬物的波函數皆混然一體，而且從不塌縮！量子力學中的「或然」之所以會轉變為「必然」（亦即萬事萬物的變化），並非透過如哥本哈根詮釋所描述的「塌縮」，而是宇宙波函數不斷「分岔」的結果。

讓我們回到那隻可憐的貓兒之上。在我們未打開箱子之前，量子力學告訴我們：貓兒的波函數有一半代表著死貓，而另一半則代表著活貓，而且這是我們有關貓兒狀況的終極認識。到這兒為止，哥本哈根詮釋和「埃氏詮釋」是一致的。不同之處在於，假設我們打開鋼箱並發現死貓，按照哥本哈根詮釋，這是我們的「觀測行為」導致貓兒的波函數「塌縮」的一個結果。但按照埃氏的詮釋，我們之看見死貓，是因為代表死貓的那一半波函數，已在我們這個宇宙中變成為「貓函數」的全部！留意上述「在我們這個宇宙中」這幾個字。因為按照埃氏的詮釋，代表「活貓」的那一半波函數，亦在別個宇宙中成為了「貓函數」的全部。

　　換句話說，觀測行為不是令波函數塌縮，而是令波函數「分岔」（bifurcate）──不但是貓的波函數，而是整個宇宙的波函數。結果是宇宙一分為二。只是作為其中一個宇宙的居民，我們永遠無法探知另外那個宇宙罷了。

　　宇宙的分岔當然不單因為「薛丁格的貓」而發生。事實上，任何一顆粒子的任何狀態的任何變化，都足以令宇宙一分為二。而在人類世界，我們的任何決定和選擇（例如文首故事中夫妻互調了位置開車），都會導致分岔發生。也就是說，宇宙每一刻都在分岔成無數多的宇宙，而這些

宇宙也每一刻分岔成更多更多的宇宙，以至無窮無盡……。這種「分岔宇宙」（bifurcating universes）的觀點，便是著名的量子力學的「多元世界詮釋」（The Many Worlds Interpretation of Quantum Mechanics），今天又稱為「多重宇宙理論」（Theory of Multiverse）。

而這，正是《媽的多重宇宙》的大前提。女主角 Evelyn 以無數不同的身份出現在不同的「平行宇宙」，正是她一生中所作的不同抉擇（以及其他人的抉擇和無數偶然的因素）所締造的不同「現實」。

扼要地說，世事的每一種可能性都是會「實現」的，只不過是實現於不同的宇宙之中罷了。因此，你這次買彩票輸了不用傷心，因為會有一個宇宙，其內的你贏出了（如果你認為這樣可堪為慰的話……）。

必須指出的是，「平行宇宙」之稱為「平行」，是因為它們一旦出現，便會分道揚鑣互不相干，便正如幾何學中「兩條平行線永不相遇」的道理一樣。既不相干當然無法彼此觀察因此也無法被驗證。正因如此，埃弗勒的這個「多元世界／多重宇宙論」在原則上永遠無法被證明（當然也永遠無法被推翻）。

既然「多重宇宙」之間是「因果互離」（causallydisjoint）而永不重疊，「穿梭於不同宇宙」屬永不可能的事情。但如此一來便任何戲劇性的情節也不可能發生，而一切有關的小說和戲劇皆可以休矣。不用說，一眾作家和編劇都會無視於這個根本限制，而天馬行空（《媽的多重宇宙》製作團隊最初起的中文名字）地假設「穿梭」的可能。

有趣的是，即使不用「穿梭」的假設，一些科幻作家也可透過「多重宇宙」意念寫出精彩的作品。在不少關於時間旅行的科幻作品中，旅行者以時光機返回過去並干擾歷史，照理這會令歷史發展偏離原有的軌跡而導致悖論。（例如我回到一九三〇年成功暗殺了希特拉，那麼歷史上便不會有納粹德國的崛起和第二次世界大戰，而我出發的世界便根本不需要派我進行這項任務……）但假如我們採用「多重宇宙」的觀點，那麼暗殺的結果是創造了一個納粹德國沒有崛起的宇宙，與我原來出發的宇宙並無牴觸。

筆者第一次讀到利用這個意念寫成的時間旅行（嚴格來說只是「時間通訊」）科幻，是班福德所寫的長篇小說《時域》。這本小說不獨意念精彩，可讀性也非常高，與《有關或然率 A 的報告》有著天淵之別，我全力推薦。

在電影中，首次明確引用埃氏的「現實分岔」概念的，是二〇一三年的《彗星來的那一夜》（*Coherence*）。某一

程度上，它可說是《有關或然率 A 的報告》的電影版，但趣味性則高很多，大家不妨找來看看。

時間旅行、歧異歷史、平行宇宙

這裡其實有一個很大的弔詭，那便是假如干擾歷史只是製造出一個新的宇宙，那麼回到過去作出任何「補救」行動，也會對我們今天面對的困局於事無補！對絕大部分時間旅行故事而言，這是致命的邏輯。例如在著名的科學電影系列《魔鬼終結者》（*Terminator series*）之中，機械人世界派遣殺手回到過去殺死人類起義軍的未來領袖，只會創造出一個沒有這個人類首領的「平行宇宙」，而不會對原本這個宇宙帶來任何改變。然而，為了戲劇效果，無數作家和編劇也同樣無視於這個邏輯，而將「修改歷史」看成為「改變現實」的一種手段。

較突出的一個例子是前述提及的《時空線索》，其間一個 FBI 幹探回到過去阻止一趟傷亡慘重的恐怖襲擊。最後他成功了並回到出發時的世界。但嚴格來說這已不是他

「出發時的世界」，因為恐襲在這裡沒有發生。也就是說，我們的主人翁在這個世界應該沒有恐襲發生的記憶才是。但劇情如此設計的話，電影將會變得索然無味。編劇的設定，當然是主人翁由「恐襲已發生」穿梭至「恐襲沒有發生」這個「平行宇宙」，既拯救了世界也保留了英雄事蹟的記憶（並且贏得美人歸……）。

以「平行宇宙」為題材的創作不一定要犯上這些邏輯謬誤。筆者指的，是科幻小說中的一個特殊類型：「**歧異歷史**」（alternate history）。著名的例子包括沃德·摩爾所寫的《幸福頌歌》假設南方的州分贏了美國內戰是以黑奴沒有被解放、菲利普·狄克（Philip Kindred Dick, 1928-1982）所寫的《高堡奇人》（*The Man in the High Castle*, 1962）假設軸心國贏了第二次世界大戰而美國被德國和日本瓜分、以及金·史丹利·羅賓遜（Kim Stanley Robinson, 1952-）所寫的《米與鹽的年代》（*The Years of Rice and Salt*, 2002）假設黑死病將中世紀的歐洲文明徹底摧毀，而中國和印度主宰了全球往後的發展等。（《高堡奇人》已於二〇一五年拍成長篇電視劇集，筆者雖然只是看了第一季，但發覺水準十分不俗，值得向大家推薦。）

還有一種更為巧妙的「時間旅行科幻」處理手法，那

便是「回到過去修改歷史」是為了「維持現狀」，其間的邏輯悖論便等於一條蛇咬著自己的尾巴，最後把自己吃掉。惟因篇幅關係，筆者無法在此作進一步介紹。

讓我們回到《媽的多重宇宙》之上。老實說，最令我興奮雀躍的，不是基於「埃氏詮釋」的「多重宇宙」描述，這是因為我半世紀前便已沉迷科幻，對這個意念毫不陌生。真正令我雀躍的，是電影中段兩塊石頭對話的那一幕。你可能感到奇怪，因為大部分觀眾對此都一頭霧水，我卻為何如此雀躍？且聽我道來。

原來這一幕背後的意念，是我之前所說的「不是一個，而是兩個的多重宇宙概念」中的第二個，也就是因為宇宙學研究而提出的「多重宇宙理論」。

想像宇宙大爆炸發生之前

宇宙學家的研究顯示，我們現時所知的宇宙，乃於一百三十八億年前的一趟「大爆炸」（Big Bang）中誕生的。這不是一般意義上的大爆炸，因為一般爆炸乃於某一時間、

某一空間中發生，但「時間」和「空間」本身，也是在這趟「大爆炸」中誕生的。

一個隨之而來的問題是：那麼「大爆炸」前那個「沒有時間」和「沒有空間」的狀況是甚麼回事？這無疑是人類認知上的一個終極奧祕。宇宙學家告訴我們，探問「爆炸前」的狀況，實已違反了「時間誕生於大爆炸」這個設定，所以這個問題是不成立的。著名物理學家霍金（Stephen Hawking, 1942-2018）曾經作了一個比喻：我們在地球上追尋最北的地方而抵達北極，然後我們追問：「還有更北的地方嗎？」答案是：沒有！

事實上，自上世紀八〇年代，霍氏即致力將研究宏觀宇宙的「廣義相對論」和研究微觀宇宙的量子力學相結合，從而建立一個涵蓋萬物的「**宇宙波函數**」（wave function of the Universe）。雖然他未竟全功，但透過他提出的「**無邊界假設**」（No Boundary Proposal），已經達至一個驚人的結論，就是「宇宙是一個自洽的系統」，所以「宇宙完全可以創生於無」。

在一個較具體的層面，由於要解釋大爆炸理論的「標準模型」中一些令人困惑的問題，美國物理學家艾倫·古夫（Alan Guth, 1947-）於一九七九年提出了「**暴脹理論**」

（Inflation Theory），亦即大爆炸之初，宇宙必然經歷了一趟極其急速和激烈的膨脹。古夫復推斷，這次「暴脹」極可能由一趟「**真空相變**」（vacuum phase change）所引起。

甚麼叫「真空相變」？原來按照量子力學的分析，真空可以處於不同的能量狀態（能階），而當真空由一個能階轉到另一個能階，可以釋放出巨大的能量，從而推動急速的「時空暴脹」。自此，對真空性質的研究成為了一個熱門的科學課題。

量子物理學家很早便知道，真空其實並不空，而是充斥著不斷生生滅滅的「**虛粒子對**」（virtual particle pairs）。甚麼是「虛粒子對」？這便要從海森堡（Werner Heisenberg）建立的「**不確定原理**」（Uncertainty Principle）說起。

「不確定原理」指出，我們不可能同時知道一顆粒子的確切位置和確切的速度，這不是我們的儀器不夠精密，而是宇宙的本質使然。簡單地說，我們愈是準確測定一顆粒子的位置，便會對它的速度知得愈模糊。相反，我們愈是準確測定粒子的速度，便對它的位置知得愈模糊。這兩種在測定上「我多你少」和「你多我少」的變量，我們稱為「**共軛變量**」（conjugate variables）。

另一對「共軛變量」是能量和時間。也就是說，我

們對一顆粒子所擁有的能量知得愈準確，便會對它存在的時間知得愈模糊；相反，我們對它出沒的時間知得愈準確，便會對擁有的能量知得愈模糊。其間的不確定程度，取決於一個數值非常小的物理常數，稱為「**普朗克常數**」（Planck constant）。

基於這種「不確定程度」，物質原來可以無中生有，只要它擁有的能量和它存在的時間結合起來（嚴格來說是乘積）沒有超越普朗克常數所設定的限制，而這並沒有違反傳統物理學中的「**物質—能量守恆定律**」（Law of Conservation of Mass-Energy）。從某一角度看，這是真空在「不確定原則」之下出現的「借來的能量」和「借來的時間」。

由於粒子世界中還有一條「粒子—反粒子守恆定律」，所以這種「借來的物質（能量）」，必然以「**粒子對**」（particle pair）的形式出現，例如「電子—反電子」、「質子—反質子」、「介子—反介子」等。再由於粒子與它的**反粒子**（anti-particle）相遇時必然會互相毀滅（稱為「**湮滅作用**」），所以這些「粒子對」一旦生成，即會在極短時間內互相毀滅。有多短？由於普朗克常數極其微小，所以這些「粒子對」的存在時間是以兆兆兆兆兆兆兆兆……

分之一秒的時間計算。正因如此，我們稱它們為「虛粒子對」。

　　與此同時，科學家亦基於普朗克常數的存在而得出「空間和時間皆非無限可分」這個結論。就空間而言，不能再分割的最短長度（距離）稱為「**普朗克長度**」（Planck length），它的數值是 1.6 ／ X 這麼多米，其中的 X 是 10 的 35 次方（即 1 之後 35 個零）；就時間而言，不能再分割的最短時間間隔稱為「**普朗克時間**」（Planck duration），數值是 5.4 ／ Y 這麼多秒，而 Y 是 10 的 44 次方（即 1 之後 44 個零）。這兩個「最短長度」和「最短時間」是人類認知的極限，因為更短的長度和時間已不具有任何實質的物理意義。

時空泡沫與嬰兒宇宙

　　方才描述的「虛粒子對」正是在這個「**普朗克尺度**」（Planck scale）上生生滅滅。進一步的研究顯示，在這個尺度，還可以出現無數一瞬即逝的迷你黑洞、白洞和蟲洞

等結構。綜合起來，科學家把這種「真空結構」稱為「**時空泡沫**」（spacetime foam）。驚人的結論是，所謂「真空」，乃由「不斷翻騰起伏的時空泡沫」所組成！

這和「兩塊石頭對話」這一幕有甚麼關係呢？你可能已經按捺不著追問。請再忍耐一會，關係很快便會清楚的了。

記得古夫建立「暴脹理論」時所提出的「真空相變」假設嗎？數十年來，愈來愈多科學家相信，「大爆炸」是「時空泡沫」隨機擾動下的產物。也就是說，我們身處的這個宇宙，乃由一次特大的**真空擾動**（vacuum fluctuation）所產生。霍金提出的「宇宙可以創生於無」有了再深一層的解釋。

進一步的推論是，真空擾動既然可以產生我們這個宇宙，自然也可以產生其他的、各自獨立的宇宙。就是這樣，現代宇宙學中出現了「**泡沫宇宙**」（bubble universes）、「**母宇宙**」（mother universe）和「**嬰宇宙**」（baby universes）這些匪夷所思的臆想。留意「嬰宇宙／子宇宙」本身也可以衍生出其他的「孫宇宙」，如此延綿不絕，無窮無盡。面對這些不可思議的驚人構想，無論《魔戒》（*The Lord of the Rings*, 1954）還是《哈利波特》（*Harry Potter*, 1997）等奇幻小說也要俯首稱臣。

這便是基於宇宙學研究的「多元宇宙理論」（Multiverse Theory）。不錯，這個理論和理解「量子現實」（quantum reality）而提出的「多重宇宙」理論（埃氏詮釋）同樣無法被證實和推翻，但它至少可以為一個宇宙學的困惑帶來較為合乎情理的解釋。這個困惑的名稱是「人擇原理」（Anthropic Principle）。

　　一直以來，宇宙中的**物理常數**（physical constants）從何而來已經是一個巨大的奧祕。這些常數包含了光速、電子的電荷、主宰萬有引力、電磁作用力和核作用力的強弱的**多個偶合常數**（coupling constants），以及我們遇過的普朗克常數等。到了上世紀七〇年代，科學家更發現了深一層的奧祕，那便是這些常數的大小只要稍為偏離現有的數值，我們身處的這個宇宙將不可能存在。更具體的說，各個常數若不是具有如今（或至少是非常近似）的數值，複雜的物質結構將不可能存在，而生命和意識的演化將不可能出現。換句話說，宇宙好像是為了人類這樣的高等智慧生物的存在而設計出來似的。

人擇原理：Evelyn 與 Joyce 的跨宇宙親情

數百年來，科學探求的每一次重大進步（日心說、原子論、生物演化論、宇宙膨脹論……）都在在顯示人類在宇宙中並不佔有甚麼特殊的地位。但上述的發現卻把這個觀念顛倒過來：在一個最深刻的層次，宇宙特性的種種驚人「巧合」，似乎是為了保證人類可以出現。一些人於是聲稱：以往我們認為「宇宙的特性選擇了人」，殊不知真實的情況是「人的存在選擇了宇宙的特性」。他們把「宇宙的特性必須符合人類出現的要求」稱為 Anthropic Principle，中文譯作「人擇原理」。

在大部分科學家的眼中，「人擇原理」的宣稱因為具有濃厚的神秘主義色彩，因此難以令人接受。筆者多年前寫過一篇介紹這場爭論的文章，題目便叫〈當代新玄學——人擇原理〉（收錄於《三分鐘宇宙》一書）。數十年來，不少人嘗試透過不同的角度以解釋這個謎團。到現時為止，較多人接受的，正是上文提到的關於宇宙創生的「多元宇宙理論」。

在某一意義上，說「人選擇了宇宙」沒有錯，但這是

一種「**後此推論**」（post hoc reasoning）所帶來的錯覺。按照「多元宇宙」的觀點，隨機性的「真空擾動」可以衍生出無數不同的宇宙，這些宇宙可以擁有各自不同的特性，包括不同的「物理常數」。不錯，絕大部分的宇宙因為常數並不配合而無法產生複雜的結構，因此亦無法孕育出生命和高等的智慧。但總會有一小部分（哪怕是極少數）的宇宙，其間的物理常數會適合複雜結構的生成和演化，最後產生好像人類這種「打爛沙盆問到底」的生物。不用說，當這些生物發現宇宙中的特性是如此的「度身訂造」，自然會嘖嘖稱奇和感到難以理解。

我們終於可以解釋「兩塊石頭對話」這一幕了。由於之前的情節已經廣泛用了「多元宇宙」的概念，所以這幕一出，筆者立即明白它的構思並發出會心微笑。這一幕展示的當然又是另一個「平行宇宙」，但這是基於宇宙學而非「埃氏詮釋」的「另類宇宙」，而從畫面得知，這顯然是一個「最複雜的結構只能是石頭」的宇宙。當然，這些並非一般的石頭，因為它們有思想有感情還會鬥嘴！不用說這是編劇向大家開的一個玩笑。而我是真的笑了。

難得之處是笑中有淚！因為這一幕再次在電影出現之時，代表女兒的石頭因為對人生徹底失望而從峭壁縱身下

躍，代表母親的石頭想也不想即追隨其後。這當然代表電影裡 Evelyn 對女兒 Joyce——無論她變成了甚麼樣子——的不離不棄。用石頭作此比喻可謂神來之筆，既有漫畫般的荒誕幽默，也默默地令人動容。

對筆者來說，以「驚艷」來形容這一幕絕不為過。當然，了解到背後的「宇宙學多元宇宙理論」是重要原因之一。各位閱讀至此，是否也會對「不知所云」的這一幕有所改觀呢？

《媽的多重宇宙》值得討論的地方還有很多。大家應該知道它借用了大量著名的電影和電子遊戲中的人物和場景。筆者從兩位導演的訪問中得悉，兩個小時的情節總共向接近一百部電影致敬。我雖然是個電影迷，也肯定數不出一百部之多，不知你又能認出多少部？

電影以最荒誕胡鬧的手法帶出深刻的人生哲理。其中最為人津津樂道的，是仿效《花樣年華》中梁朝偉（1962-）和張曼玉（1964-）在後巷裡對話的一幕。關繼威飾演的男主角 Raymond 這樣說：「我選擇看事物美好的一面，不是因為天真。這樣做是明智和必須的，它是我的生存之道。」

（When I choose to see the good side of things, I' m not being naive. It is strategic and necessary. It's how I learned to survive through everything.）

　　後來他又向著 Evelyn 說：「即使妳三番四次傷了我的心，我想對妳說⋯⋯假如有另一次機會，我仍然會樂於和妳一起開洗衣店和報稅。」（So, even though you have broken my heart yet again, I want to say⋯⋯in another life, I would have really liked just doing laundry and taxes with you.）

　　電影中的金句還有很多，恕我不在此盡錄，大家有興趣的話，可以上網查看「EEAAO quotes」即可。

　　然而，這部電影之能夠勇奪奧斯卡最佳電影，除了它所包含的哲理外，更重要是它的創意。而創意的背後，是現代物理學最前沿研究中的兩個「多元宇宙理論」。希望我這篇文章能夠幫助大家多些了解這些理論的內涵，令大家不但提升對這部電影的欣賞，更提升對宇宙奧祕的領會，從而豐富大家的宇宙觀和人生觀。

從本尊到本心

《阿凡達》的化身大法與殖民反思

眾多前作的影子

　　以戲論戲，《阿凡達》（*Avatar, 2009*）確是一部完成度很高而又娛樂性豐富的大部頭電影。論製作論特技它肯定是當世之冠，是完全無話可說的了。它背後的意念並不新鮮，卻仍然誠然可嘉。以下我嘗試分別用電影發燒友、科幻發燒友和歷史文化等三個角度，來分析一下我對這部電影的觀感。

　　以電影而言，這部作品的最大失敗之處是缺乏新意，而且太多前作的影子。我看了三分之一不夠已在心中高呼：這不完全是和路·迪士尼的動畫電影《風中奇緣》（*Pocahontas, 1995*）的科幻版嗎？請看看：外來侵略者的青年愛上了土著酋長的女兒，女兒雖已被父親許配給族中最英勇的戰士，卻對這個異族青年情有獨鍾……更為「巧合」的是，《風中奇緣》裡有一棵懂得說話的「靈樹」，而《阿凡達》中則有一棵力量神奇的「聖樹」；而不用說，

《風中奇緣》裡有一個為了開採黃金而迫害土著和霸佔他們家園的惡棍，而《阿凡達》裡則有一個為了開採一種稀有金屬而迫害土著和霸佔他們家園的惡棍⋯⋯。

除了《風中奇緣》外，一邊看一邊在腦海中泛起的電影至少還包括（同樣以一個白人在印第安部族中「落戶」及被同化為題材）：

- 《小人物》（Little Big Man, 1970； 由 Dustin Hoffman 主演）；
- 《藍戰士》（A Man Called Horse, 1970；由 Richard Harris 主演）；
- 《與狼共舞》（Dances With Wolves, 1990； 由 Kevin Costner 主演）；

而當地球侵略者的巨型推土機闖進森林並把樹木一一摧毀，而男主角跳上推土機竭力阻止之時，腦海中立即勾起的，是動畫電影《我的雨林朋友》（*FernGully: The Last Rainforest*, 1992）裡幾乎一模一樣的一幕。（這部電影乃澳洲製作，看過的人可能不多。）

或說「太陽之下無新事」、「天下文章一大抄」，有

前作的影子又有何奇？所謂「戲法人人變、巧妙各不同」，最重要是「變」得好看便成了。好！就算撇開類似的前作來看，本片仍存在一大弊病，那便是看了不足一半便已經完全猜到往後的發展，也就是說，除了製作和場面外，觀眾已沒有甚麼可以期待的了。

從電影的拍攝手法而言，地球侵略者發動進攻並摧毀土著家園的一幕頗具震撼力。但大家不知有沒有留意，戰鬥／屠殺的場面一點血腥殘忍的成分也沒有。不要說好像《梅爾吉勃遜之英雄本色》（*Braveheart*, 1995；港譯：《驚世未了緣》）或《神鬼戰士》（*Gladiator*, 2000；港譯：《帝國驕雄》）那樣的場面，就是連《魔戒》一般的殺戮場面也欠奉。顯然，這是導演詹姆斯‧卡麥隆（James Francis Cameron, 1954- ；港譯：占士‧金馬倫）為了讓《阿凡達》成為一部好像《鐵達尼號》（*Titanic*, 1997）般老少咸宜的電影所作的一個策略性決定。

老實說，筆者年紀愈大愈不喜歡看血腥殘忍的電影場面（因為真實世界已足夠殘酷的了），那麼我為甚麼刻意提出上述這種「乾淨」的拍攝手法呢？這是因為，這種刻意「淨化」了的拍攝手法，很大程度上削弱了電影的震撼力和控訴性。（一個頗為強烈的對比，是不久前上映的另

一部科幻電影《第九禁區》（*District 9, 2009*；港譯：《D-9 異形禁區》）。電影的前半部頗有賣弄驚慄殘忍之嫌，但看下來之後，才明白這種手法突出了電影的控訴性和批判性，故此是有其必要的。）

現在讓我們從科幻發燒友的角度，看看《阿凡達》的成績如何。

科幻角度的賞析

一部科幻作品的成敗，首要決定於背後的科幻意念是否夠精彩。筆者看過一些影評，謂過往的科幻作品多把外星人描繪為侵略者，而《阿凡達》則反過來，把地球人描繪為侵略者，外星人才是受害者，是以令人「耳目一新」云云。執筆的人顯然不是科幻發燒友，因為在科幻世界中，同類的題材絕不新鮮。早於一九七二年，美國科幻女作家勒岡恩（Ursula Le Guin, 1929-2018）便寫了一篇名為《世界的名字是樹林》（*The Word for World is Forest*）的中篇小說，內容與《阿凡達》的幾乎同出一轍。筆者唸中六時

因受這部作品的影響，執筆寫了我的第一篇科幻小說〈The Last Test〉（對，是用英文寫的），這篇作品後來刊載在皇仁書院一九七五年的校刊《黃龍報》之中。我後來把它翻譯成中文，並先後收錄於《挑戰時空》和《泰拉文明消失之謎》之內。

一本更為尖銳和深刻的作品，是弗雷德里克·波爾於一九八〇年發表的《傑姆—締造烏托邦》（*JEM-The Making of Utopia*）。在故事裡，人類發現了首個擁有高等智慧族類（共有三種之多！）的星球「傑姆」，並以為可以從此擺脫過往在地球上你死我活的紛爭，在這個新的世界上重新開始。可悲的是，地球各大勢力集團在這個星球降落之後不久，由於互相猜忌和利益的爭奪，彼此間的仇恨和敵意很快便故態復萌，而殘酷的戰火更把數個外星族類牽涉在內。純樸的外星族類最後成為了人類自相殘殺中的犧牲品……。

回到《阿凡達》的科幻構思之上。故事既發生在一個名為「潘多拉」（Pandora，又譯作「潘朵拉」）的星球，就讓我們看看有關這個星球和它的土著的描述。

電影中所描述的潘多拉星球，表面引力較地球的略低（還記得僱傭兵頭領要靠舉重來保持肌肉結實嗎？），而

大氣的氧氣含量則較地球的低很多。電影開場不久，一班偃傭兵的長官即訓示他們，在戶外活動時若是沒有氧氣面罩的話，只數分鐘便會昏迷，而不出半小時便會喪命。在電影情節裡，這個設定多次成為了製造戲劇性的元素。與此相反，「低引力」的假設則只是說說罷了，從電影中物體下墜的速度以及所有人物的動作來看，我們根本看不出這個星球的表面引力跟地球的有甚麼不同。

從科幻電影的角度來看，前述的「假設」也算是交足「功課」的了。君不見絕大部分的科幻電影在描繪人類在其他星球探險或定居時，人們皆可「若無其事」地在星球表面自由活動，就好像這個星球的表面引力還是大氣成分都跟地球的一模一樣似的。從科學的角度看，這種情況出現的或然率不用說可謂微乎其微，甚至接近零。

當然，從嚴格的科學角度出發，人類「進佔」潘多拉的描述仍有眾多犯駁的地方。即使我們接受這個星球的大氣壓力（而非大氣成分）、溫度、濕度、日夜長短等也和地球的相差無幾（最後一點最難置信）而「不值一提」，但記得偃傭兵首領（故事中的大奸角）在訓示一班新丁時，把潘多拉形容為一個多麼可怕和充滿殺人陷阱的星球嗎？不錯，男主角首次「化身」之後，的確差點成為森林裡的

猛獸點心，但我們不要忘記，在一個完全異類的生態系統中，最可怕的往往不是體型巨大的猛獸，而是渺小得多的各種細菌和病毒。但就影片所見，似乎從來沒有人擔心受到不知名的細菌感染。他們既不用接受甚麼防疫注射，外出時也不用穿密封的保護衣服。這不是十分有悖情理嗎？（他們顯然沒有看過 H‧G‧威爾斯的名著《宇宙戰爭》〔*War of the Worlds*, 1898〕：所向無敵的火星侵略者最後死於地球最普通細菌的感染……。不要忘記的是，《宇宙戰爭》的出版年分是一八九八年！）

若要再嚴格一點，潘多拉的大氣既然如此缺氧，其上的各種生物是否還可以這般茂盛和活躍？而電影尾段的火焰沖天場面中，火焰又是否可以在這樣的一個大氣裡燒得這麼猛烈？（反過來說，潘多拉的植物如此茂盛，大氣中的氧氣含量應該很高才是。當然，它們所採用的光合作用形式可能與地球上的不同……）

最後，潘多拉究竟是一顆行星還是一顆衛星呢？可能電影中有提及而筆者看漏了，但從影片中多番出現的潘多拉天空景象——數個巨大的星球佔據了大半個天空——使人立刻得出一個結論，就是潘多拉擁有多顆衛星。但其中一顆實在太大了，它有可能是潘多拉的母行星，而潘多拉

只是它的衛星嗎？

　　看完了星球，接著讓我們看看星球上的土著——也可以說是電影中的真正主角——名叫納美族（Na'vi）的外星人。

《阿凡達》中的外星人

　　潘多拉星上的高等智慧生物稱為「納美」（Na'vi）。但筆者不能肯定，這只是人類基地附近那個部族的名稱，還是這個星球上整個智慧族類的統稱。為了保險，我將把這一智慧族類稱為「潘星人」。

　　潘星人兩項最觸目的特徵當然是他們的體高和膚色。以外星人的造型來說，體型較地球人高大足足一倍的潘星人確實令人耳目一新，而這也符合潘多拉的表面重力較地球為低這個假設。拜最新的電腦特技所賜，這族外星人獨立地看雖然十足電腦動畫下的產物，但與地球人同場出現時又是如此的栩栩如生，真真假假結合得天衣無縫。

　　在過往，電影裡的外星人體型一般都被假設為與地球

人的差不多，這固然是因為製作上的技術困難和成本限制所至，但在另一方面，如果外星人只有數厘米高或是比藍鯨更龐大的話，不要說電影，就是可以完全天馬行空的科幻小說，也很難建構出令讀者產生共鳴的精彩情節。而考慮到成本問題，電影中的外星人往往被設計為較地球人略為細小，最典型的例子當然是史提芬‧史匹堡的《第三類接觸》（*Close Encounters of the Third Kind*, 1977）和《E.T. 外星人》（*E.T. the Extra-Terrestrial*, 1982）。至於設計為較地球人高大的，較突出的例子是經典驚慄科幻電影中的《異形》（*Alien*, 1979）。不過，對大部分觀眾來說，「異形」給人的感覺是「外星怪物」多於外星人……。

在科幻小說中，無論是較小和較大的外星人，最早都已於百多年前被科幻大師 H‧G‧威爾斯囊括到他的作品中去。前者是《最先抵達月球的人》（*The First Men in the Moon*, 1901）裡的月球人，而後者則是《宇宙戰爭》裡的火星人。但要數真正細小的外星人，應是哈爾‧克萊門特（Hal Clement, 1922-2003）的小說《重力任務》（*Mission of Gravity*, 1954）中的 Mesklinites。由於他們所住星球的表面重力較地球的大上數百倍，他們的體型基本上向橫發展，而身高則只有數厘米。

與《阿凡達》外星人的「身高假設」最為接近的一本科幻小說，是 L·羅恩·賀伯特（L. Ron Hubbard, 1911-1986）的巨部頭著作《地球戰場》（*Battlefield Earth*, 1982）。這部以娛樂成分取勝的作品曾於二○○○年被好萊塢拍成電影，而且找來著名影星約翰·屈伏塔（John Travolta, 1954-；港譯：尊·特拉華達）主演。但影片之爛實在教人嘆為觀止。那種表現外星人格外高大的拍攝手法更是叫人哭笑不得。

　　說完身高讓我們說膚色。膚色其實沒有好說的。藍色這個選擇固然是因為它為人類所無，因此最能令人有異樣之感。而鮮明的異類膚色亦帶出了電影背後的訊息，那便是我們對不同膚色的人會視為異類，從而產生歧視甚至進行迫害。

　　除了上述這兩項最明顯的特徵外，有關潘星人的一項最有意思的「設計」，是他們的頭髮原來是可以用來進行「心靈溝通」的器官。這種溝通不獨限於潘星人之間的溝通，更重要的，是與其他生物——包括他們的陸上坐騎「角馬」與天上坐騎「飛龍」——的溝通。

　　然而，即使擁有這種「特異功能」，我們仍然不禁要問：潘星人的外形和基本結構為何與人類如此驚人地相似？（一

些細心的讀者可能會看出，「潘星人」只有四隻手指和四隻腳指，但由地球人化身而成的「假潘星人」則有五隻手指五隻腳趾。這當然是電影刻意製造出來的「科學細節」，但筆者實在想不出這有甚麼「科學根據」。）

「人形」與「非人形」外星人的爭論

　　科幻世界中有關外星人體形的臆想，從來便分為「人形」（humanoid）和「非人形」（non-humanoid）兩大方向。威爾斯百多年前所描述的月球人屬於前者，而同樣出於他筆下的、狀似巨形章魚的火星人則屬於後者。雖然一些人曾經爭辯，謂「人形」的體態確有其力學上和功能上的優越性，故此任何發展出高等智慧的生物都必會具有與「人形」相差不遠的體型結構，但筆者多年來始終不為所動，而認為這實乃（一）**狹隘的人為中心主義思想**、（二）**想像力嚴重不足**、（三）**為了加強故事的親切感和戲劇效果、以及（四）為了節省電影製作成本等等因素所導致的選擇。**

　　以筆者所知，最先討論外星高等智慧生物是否必須

酷似人形的科學家，是上世紀中葉著名的考古學家喬治・森普遜（George Gaylord Simpson, 1902-1984）。他於一九六四年在美國知名學術期刊《科學》（Science）之上發表了一篇文章，題目是〈人形生物的非普遍性〉（The Non-Prevalence of Humanoids）。單從文章的題目，我們已可知道森氏的立場是甚麼。

當然，純粹從科學性和或然率的角度來看，我們無法完全否定一些外星人會真箇酷似人形的這個可能，問題是或然率有多少罷了。問題是，即使是酷似人形，也不等於看起來與人類幾乎一樣。《阿凡達》上映前不久推出的另一部科幻電影《第九禁區》便提供了一個很好的「反例」。電影中的外星人基本上屬於「人形」結構，但看起來卻一點也不像人類。（看過這兩套電影的朋友必會看出十分有趣的一點，那便是兩套電影在外星人造形上的分別，乃完全配合各自想傳達的訊息。）

當然，《阿凡達》的這個問題在科幻世界中絕不罕見。其中最著名的一個例子，是超級長壽科幻電視劇集《星空奇遇記》的外星人如「勁悍人」（Klingons）、「羅妙蘭人」（Romulans）、「卡迪薩安人」（Cardassians）、「弗蘭基人」（Ferengi）、「波格人」（Borg）等。劇集裡如何解釋這

些眾多的外星人為何竟與人類如此酷似呢？

必須指出的是，《星空奇遇記》實出現過不少非人形的外星人，但這些都限於一些一集過的、科幻成分較高的故事。致於為了可以提供持續性戲劇衝突、作為「常駐背景角色」的外星人如「火神星人」（Vulcans）和「勁悍人」等，都採取了基本上與人類無異的外形設計。

筆者相信，在電視劇集製作的初期，這一取向只是基於製作成本的考慮和戲劇性的需要，而沒有包括深一層的科學考慮。但隨著劇集的成功和影迷群的壯大，一些較認真的影迷開始（按筆者的猜測）從科學的角度質疑這一取向的合理性。而編劇的人（更準確來說可能是監製，因為這套劇集的編劇從來不是一個而是很多個）於是被迫找出一個「自圓其說」的解釋。（熟悉科幻的人都很清楚，科幻的核心其實就是如何將天馬行空的臆想自圓其說）。

最先較明確地提出這個解說的，是第二輯劇集《星空奇遇記——再次行動》（*Star Trek :The Next Generation*，也就是以「光頭艦長」Jean-Luc Pickard 為主角的那一輯）於一九九三年四月二十四日播出的那一集〈The Chase〉。按照這個「解釋」，劇集裡所出現的這些高等智慧族類（包括人類在內）之所以如此互相酷似，是因為他們在遠古時

都有一個共同的祖先！也就是說，這些族類雖然往往鬥個你死我活，原來都是同一家族裡的「遠房親戚」。當然，這個遠古的祖先是如何透過「播種」、「提拔」（就如透過《2001 太空漫遊》〔*2001: A Space Odyssey,* 1968〕的黑色碑石）、「改造」、「殖民」等方式以衍生這些不同的智慧族類，電視劇集裡的交代自是語焉不詳。至於這個祖先是誰、如今「藏身」於宇宙哪一個角落，當然更是一個謎……。

這個「自圓其說」可謂頗為精彩，可惜它有一個致命傷，那便是必須否定科學家百多年來對人類起源所作的深入研究，因為這些研究顯示（證據包括大量化石和基因鑑定）人類確由較低等的動物，一步一步的逐漸演化而來。（一本由詹姆士・霍根〔James P. Hogan, 1941-2010〕所寫的巨部頭的科幻小說《The Minerva Experiment》所面對的也是同一個問題。相反，克拉克在《2001 太空漫遊》裡的假設則聰明得多。）

雖然我說不準是哪幾本小說，但就筆者記憶所及，《星空奇遇記》的這一「自圓其說」後來亦曾被「借用」到其他科幻作品之中。

繞了這麼一個大圈其實想說，《阿凡達》中的外星人

（不單是納美族，亦包括星球上的其他土著族裔）與人類的外貌如此相似，要能自圓其說的話，唯一的解釋是兩族其實來自一個共同的祖先。已知這部超級大片將會拍第二甚至第三集，不知編劇會否引入這個前提，以令劇戲性更為濃厚？（正如我們論證阿拉伯人與猶太人其實是兄弟相殘一樣。）當然，這只是筆者的一廂情願，最大的可能，是編劇對外貌體形如斯酷似從不解釋，而只是訴諸天下間的巧合罷了。（畢竟，我們無法論證如斯巧合的或然率為零，對嗎？）

說了這麼多，我們終於可以進入這部科幻電影的核心科幻意念了。那當然便是這部電影名稱的由來：「阿凡達科技」（avatar technology）。

電影裡的核心科技——Avatar Technology

如果有讀過筆者的〈我武唯揚〉這個故事（收錄於拙著《無限春光在太空》）的朋友，應知我在故事裡即用了 avatar technology 這個意念。我當時採用的中文名稱是

「**化身科技**」，而上述的英文名稱則被放在括弧之內。我更在故事中解釋，化身科技乃由「**虛擬實境技術**」（virtual reality technology）和「**遙控操縱技術**」（tele-operation）所結合而成。這個故事寫於一九九七年。當時「avatar」這個字差不多沒有人懂得，沒料到在十二年後，竟成為了全世界無數的人掛在口邊的一個字。（這個故事收錄在我於一九九九年出版的一本名叫《無限春光在太空》的小說集之中。由於此書早已絕版，如果是半年前，我只能叫你往公立圖書館碰碰運氣。但在今天，我當然會叫你往書店買這本書的新增修訂版《泰拉文明消滅之謎》！）

但我必須立刻作出澄清，我所構思的「化身科技」與《阿凡達》中所假設的並不相同。簡單來說，是我的構想合乎科學得多，而電影裡的構思則誇張得多，卻亦因而戲劇性得多。

《阿凡達》中的「化身科技」（avatar technology）究竟是怎樣的一回事呢？按照電影的描述，這項科技至少牽涉以下的組成部分：

1. 地球科學家可以把潘星人的遺傳基因和地球人的基因「混合」起來，從而製造出一個與

潘星人九成以上相似（體高、膚色、心靈感應觸鬚、可呼吸當地空氣……），卻仍保留著一些地球人特徵（例如五隻手指和容貌特徵）的個體；

2. 這些「混合個體」可以在短時間內在一個培植箱（人造子宮）被「催谷」成長（按電影所述，不足一年的時間即可培植出一個接近二十歲的個體）；

3. 在這個過程中，這個個體就像植物人一樣，全無感覺和思想；

4. 最關鍵的科技，是那副好像棺材一樣的「感應傳送囊」。地球探險員（包括片中的男主角 Jake 及由 Sigourney Weaver──肯定是全部電影裡片酬最高的演員──所主演的女科學家）只要躺臥在其中，之內的裝置即會把這個人的思想感情，完全地傳移到上述那些心靈上一片空白的「混合個體」之中。由這時起，這個個體便成為了這個地球人的「阿凡達」，亦即「精神化身」；

5. 上述這種「精神轉移」是完全可以還原的，

因此亦可以（在先進儀器的幫助下）重複地
「出、入自如」。

　　上述第一至三項已是絕不簡單的超級科技，但比起第
四項自是小巫見大巫。老實說，這已經不是甚麼「化身科
技」而簡直是魔幻世界中的「移魂大法」！

　　筆者發燒科幻超過四十年，多年來更不斷宣揚「**克
拉克三定律**」（Clarke's Three Laws），特別是其中的第
三定律：「任何足夠先進的科技文明將會與魔術無異。」
（Any sufficiently advanced technological civilization will be
indistinguishable from magic.）因此大家可以相信，我對科
幻世界中各種「天馬行空」的想像絕不會輕易的心存抗拒。
但對於上述的「化身科技」，即使如我這般熱愛科幻和想
像的人也著實覺得難以接受。

「化身科技」的深入分析

　　首先讓我略為講解一下科幻世界中另一種「化身科技」

的基本原理。

最先引入這一精彩意念的科幻作家不是別人，而是赫赫有名的科幻作家海萊因。在一篇距今差不多七十年的中篇小說《沃爾多》（*Waldo*, 1942）之中，他描述一個先天患有嚴重肌肉萎縮症的天才，因發明了一套先進的「遙控執行技術」（teleoperating technology），不單克服了自己的殘障，並且成為了世界的首富。

不久，科幻中的預言即成為了現實。第二次世界大戰後，核能的應用由戰爭轉往和平的用途。而在核電廠裡，由於核反應堆附近的輻射十分之高，控制人員只能透過遙控的機械臂來控制反應堆中的燃料棒和控制桿的活動，其間的原理和過程與海氏所描述的可說同出一轍。多年後，更為人所熟知的當然是太空穿梭機中，駕駛員透過遙控機械臂可以「足不出艙」即從載貨艙（cargo bay）中取出人造衛星，或把人造衛星從軌道中回收的技術。

而過去數十年來，科學家霍金先是透過手指的輕微移動、後則透過眼球活動以控制電腦及輪椅的操作，已儼然成為了《沃爾多》故事主人翁的一個活的化身。

上述這些「遙控執行術」固然需要把操作時遇到或引致的環境信息「回饋」（feedback）給操作者，使他可以作

出適當的反應，但這些回饋都是比較粗始的。使它向「化身科技」邁進一大步的，是另一項高新科技：「虛擬實境技術」（virtual reality technology）。這種科技把環境的信息透過 VR 眼罩和一系列貼身的感應傳送器十分逼真地傳送給操作者，從而使他有一種完全「置身其中」的感覺。

以 VR 為主題的首部電影，應是一九九二年的《未來終結者》（*The Lawnmower Man*）。可惜這部電影只是借題發揮，完全沒有認真探討這種科技可能帶來的社會後果。相反，國內著名的科幻作家王晉康於九○年代末所寫的中篇〈七重外殼〉，無論在情節構思和思想性探討性方面，都較電影遠勝得多。

若說把 VR 這一意念發揮得最為極致的，無疑是電視劇集《星空奇遇記——再次行動》所開始引入的「全息遊樂室」（holodeck）。當然，能夠模擬幾乎任何環境並令人感到完全置身其中的「全息遊樂室」，其科學基礎已是遠超我們現今的水平。

最早把這 VR 和遙控執行術這兩種科技結合起來而衍生出「化身科技」這一精彩構想，就以筆者所知，乃出現於由謝菲爾德於一九七八年所寫的《Sight of Proteus》。在小說裡，這種科技被應用於未來世界的一項富豪玩意。在

遊戲中，參與者都「變成」了一個個只有數厘米高的微型機械人，並透過這種「化身」技術進行各種刺激而危險的活動：例外在後園追捕一頭惡貓！當然，參與者實際上都安坐在遊戲中心的椅子上。他們只是透過 VR 頭盔和遙控執行術以追捕惡貓罷了。

把這一技術用於嚴肅科學用途的描述，則見諸羅伯特·弗爾沃德（Robert L. Forward, 1932-2002）寫於一九九三年的一部小說《卡美洛 30 K 》（*Camelot 30K, 1993*）。故事描述人類前往冥王星以外的一顆極寒冷的行星探險，並在其上找到一種體形只有數厘米高並不能忍受任何「熱度」的智慧生物。

為了與這種智慧族類進行近距離的接觸，人類這種體形巨大的「高溫生物」，唯有透過微形的機械化身來進行。這些化身更被造成與這種生物的外形十分相似的模樣，以增加溝通時的親切感。

而筆者寫於一九九七年的短篇故事〈我武唯揚〉，則是把這種科技用於比武之上。

筆者為甚麼不厭其煩的介紹這種「化身科技」呢？我的目的，是凸顯出《阿凡達》中的「化身科技」與以往科幻作品中所描寫的是如何的不同。

試想想，電影中的化身科技既不依賴虛擬實境技術，也不需要甚麼遙控執行術，因為它根本便是一種「心靈轉移」（mind transfer）。

　　「這又有甚麼問題呢？」你可能會問。

　　問得好！科幻既強調大膽高超的想像，假設人類未來能夠實現「心靈轉移」又有甚麼值得垢病之處？

「心靈轉移」的哲學考察

　　要回答這個問題，我們必先要明白，有關「心」與「物」的關係，是人類所認識的最根本而又最深刻的奧秘。筆者無法在此細述千百年來人類在這方面的哲學和科學探索。我只是想指出，在一段很長的時間，不同的民族都曾經假設生物擁有一種毋須依賴物質而存在的、神秘的「生命力」；而人類則更擁有一個毋須依賴物質而存在的、超越肉身的「靈魂」。但歷經數百年的深入科學探究，支持這兩個假設的證據可說半點兒也找不著。相反，大量的證據顯示，不論是生命還是意識──包括我們引以為傲的高等意識，

都是極漫長的物質演化所衍生的結果。

尤有甚者，意識的物質基礎是極其複雜的。對於我們頭蓋以下那團不到數千克的灰白色物體，究竟如何能夠產生出「自我存在」的奇妙感覺，以及如何建構出一個「外在世界」的鮮活圖像，科學家如今所知的仍是十分有限。但有一點頗為肯定的是，如果把大腦的運作模式比喻作一副電腦中的「軟件」，而把大腦本身看作為「硬件」，則由於兩者皆是漫長進化的產物，因此「軟件」和「硬件」之間的關係遠遠較電腦中的密切，甚至可說是密不可分的。也就是說，我們有理由相信，「意識」這回事將無法被化作成一連串「0」與「1」的數字，而可以在不同的「硬件」之間被搬來搬去。

《阿凡達》這套電影的大前提，當然是上述的立論已被徹底推翻，而人類已經掌握了把意識「搬來搬去」的技術。至此大家也許明白，我為甚麼把這種技術稱為「移魂大法」。

正因如此，科幻小說中以此為題材的故事其實不多。例如海萊因著名的《I Will Fear No Evil》（1970）描述一個億萬富翁為了延長壽命回復青春，搖身一變而成為一個妙齡女郎（對，富翁是位男性），海氏所「採用」的科技

也只是大腦移植而非「意識轉移」（妙齡女郎的軀體原本屬於剛剛因為意外去世的富翁女秘書）。真正在其作品中較廣泛引用「意識轉移」這一意念的作家是羅伯特·謝克里（Robert Sheckley, 1928-2005）（例如一九五九年的《Immortality Inc.》與一九六六年的《Mindswap》）。然而，看過這些作品的人會知道，謝克里處理這個題材時皆採取了一種黑色幽默的荒誕劇手法，顯示他對這種「未來科技」的可行性沒有懷著認真的態度。

對「意識轉移」這回事其實可以有兩個不同的看法。如果意識真的有如電腦世界裡的「軟件」可以被搬來搬去，則它應該可以被「複製」和傳送，而原有的「拷貝」不會在第一副「電腦」（亦即男主角 Jake 的大腦）中消失。引申下來，我們可以同時製造很多化身，從而引起了「身份危機」（每一個「化身」都是一個真的「我」！）。但這顯然與《阿凡達》中的描述不乎，因為每次進行轉移之時，男主角都變成了完全沒有知覺的「植物人」。這顯然說明，意識並沒有被「複製」，而是真箇被「提取」並傳送到 Jake 的「混種」化身之中。

但這意味著甚麼呢？極端的一點說，這意味著靈魂學說的復活，亦即我們的精神可以脫離肉體而存在。而這，

與數百年來科學探究得出的結論可說背道而馳。

　　且慢！你可能立即說道：男主角的精神雖然被「提取」，但它在「化身」的大腦中「生根落戶」之前，必須依賴電波的傳遞（「回程」時當然也是一樣）。而從廣義的物理學角度，電波也是物質的一種形式（愛因斯坦一百年前即已論證了物質和能量是同一樣的東西）。也就是說，男主角的精神一刻也沒有離開物質，因此這項設想不應被扣上「將靈魂學說復活」的帽子。

　　這種說法當然不無道理，但這便把我們帶到「心靈的電波傳輸」這個關鍵的意念之上。

　　在電影裡，上述這個意念幾乎從來沒有被提起過。但我們有沒有想過，在傳輸的過程中，電波被干擾了怎麼辦？訊號接收不佳怎麼辦？電源被截斷了怎麼辦？就最後一點而言，男主角的「靈府」是否便會因此煙消魂散？抑或「電波靈府」會自動返回男主角的原有肉身？

　　最關鍵的當然是，「意識」這種世間上最複雜的東西，其涉及的信息量必然大得驚人。要傳送如此龐大的信息，所用的電波不可能是波長較長的無線電波，而必須是波長短得多的微波，甚至是處於「可見光」頻段的電磁輻射。但要知這些短波輻射不能繞過障礙物，因此其傳遞必須依

賴具有「視線所及」（line-of-sight）的接收器或轉播器的幫助。但在電影中所見，無論 Jake 的化身身在何方，「心靈傳輸」都可以輕而易舉地進行。你當然可以說，將「意識」傳遞的並非我們所熟知的電磁輻射波，而是一種超乎我們現有科學知識的、全新的傳輸方式（例如所謂**「亞空間傳遞」**（sub-space transmission））。這也許是答案之所在，但電影裡卻是沒有交代。

海萊因寫於一九五六年的一本少年科幻小說《Time for the Stars》，曾經設想人類透過了一對孿生子的心靈感應作用，在星際探險時進行超越光速的通訊。但這種完全缺乏科學根據的設想屬於「可一不可再」，故在科幻界中未有被廣泛採用。一九六〇年，科幻作家阿爾吉斯‧巴德里斯（Algis Budrys, 1931-2008）在他的作品《叛月》（*Rogue Moon*）之中，則假設人類可以透過電波傳輸將身處地球的探險員在月球上複製，而地球上的探險員可以透過這個「化身」進入一個外星人遺留的建築物進行九死一生的探索……。

當然，如果我們在看的是《哈利波特》而並非一部科幻電影，上述的問題根本毋須深究。至此各位應該明白，較諸一本成功的魔幻作品，寫作一本出色的科幻作品在難

度上是高出多少。

好了，就算我們不計較技術上的細節，我們又有沒有想過，上述這樣的一項科技突破所帶來的影響有多麼深遠？

不錯，按照電影中的構想，我們不能隨便地把意識在不同軀體中轉移。男主角之所以被邀請前往潘多拉星球，是因為他的攣生兄弟因意外逝世，而他因為擁有相同的基因組成，所以有機會跟原本培植給他哥哥的「化身」進行「心靈轉移」。這一前題顯示，心靈轉移技術只能體現於基因結構（引申來說是大腦結構）幾乎一樣的個體之間。但在原則上，這項技術的最直接應用，不是用於「人與外星人基因混合」的化身，而是用於人類自身透過「克隆技術」（無性複製技術）所產生的克隆個體（clones）。如此一來，人類已是戰勝了衰老和死亡，因為我們永遠可以把精神從一個逐漸衰老的身軀，轉移到一個遠為年輕的軀體之中。「長生不死」這個人類千百年來的夢想將得以實現！

可以這樣說，如果電影中的化身科技真的可能的話，它的震撼性將較電影裡的中心主題（地球人成為侵略者）高出很多倍。也就是說，我們是用一個一級的科幻意念來為一個至多是二級的科幻意念服務。無論從科幻的角度還是小說創作的藝術角度，這都是一種很彆腳的做法。（這

與筆者多年來宣揚的一個觀點頗為接近，那便是「時間旅行」在科幻小說中永遠只能做主角而不能做配角。但一些科幻作品恰恰違反了這一「守則」而令趣味大減。）

當然，這種「主角變配角」的情況在一些科幻作品中也偶有出現。其中最荒謬的一趟，要算是由阿諾‧史瓦辛格（Arnold Schwarzenegger, 1947- ；港譯：阿諾‧舒華辛力加）主演的科幻電影《魔鬼複製人》（*The Sixth Day*, 2000；港譯：《第六發現》）。這部電影的主題，正是當年最熱門的一個話題：「**無性複製**」（cloning）。但作為科幻創作的一個題材，這個意念其實無甚發揮之處。為了製造戲劇性，好萊塢的編劇硬生生地加入了可以把一個人的思想意識快速複製的技術，從而「製造」出多個真假難辨的阿諾舒華辛力加。這個編劇可能從來沒有想過，他這個附加的假設，較諸電影中心主題的含義和影響不知重大多少倍！這種完全沒有常識的劇本編寫，令電影成為「科幻爛片」的經典之一。

綜觀上述的分析，《阿凡達》中的「化身科技」可被看成為一個「精彩的科幻意念」，從而為電影「加分」；也可被看成為一個難以令人入信的「問題意念」，從而令電影「減分」。孰是孰非，還是留待作為觀眾的你作判斷吧。

順帶一提的是，最近一部頗受科幻迷歡迎的小本製作電影《Moon》，也用上了好像《阿凡達》中的意念（無性複製與意識轉移），從而帶出疑雲重重的「身份危機」（identity crisis）。（即歐陽峰的問題：「我是誰？」是也！）就拍攝的手法而言，這部電影較阿諾・史瓦辛格的《魔鬼複製人》高出很多，但從科幻意念的「輕重不分」和「喧賓奪主」的角度來看，這部電影所犯的毛病可說同樣嚴重。

從「體能擴大衣甲」到「人控機械人」

如果說《阿凡達》中的「化身科技」是一種完全超乎現有科學認知的「移魂大法」，則影片中的另一項科技，卻是遠為合乎科學（「層次」因此也低得多）的一項引申。這便是部分僱傭兵在大舉侵犯土著家園時所「穿著」的「體能擴大衣甲」。最令人印象難忘的，當然是影片結尾時，僱傭兵首領穿著這一衣甲，與女主角騎著巨獸作殊死戰的一幕。

「體能擴大衣甲」這個精彩科幻意念的始創者不是別

人，正是提出「Waldo 科技」的科幻大師海萊因。在他於一九五九年出版的名著《星艦戰隊》（*Starship Troopers*）之中，海萊因描述人類的戰士如何透過了這種衣甲大大擴充了體能（例如一拳可以打穿一道牆、一跳可以彈起十多米等），從而直搗敵方的星球，與外星侵略者拼個你死我活。

一九九七年，好萊塢把這部科幻經典搬上銀幕（在港上演時稱為《星河戰隊》）。筆者帶著既喜且懼的心情踏進戲院觀看，結果是差點兒無法相信我的眼睛，最後是氣得不能言語……。原因是電影竟然刪掉了這個小說中最精彩的科幻意念，而一眾「星河戰隊」的成員就像「人肉炮灰」一樣，前仆後繼地迎上數不盡的、兇殘成性的昆蟲狀巨形外星人，最後被開腔破肚、手腳剪斷、肝腦塗地般殲滅……。（看罷當然知道，導演要販賣的正是這些場面，當然要剔除小說中這一科幻構思。哀哉！）

其實早於這部「閹割」原著的電影之前，「體能擴大衣甲」這一意念便已用於另一部經典科幻電影之中，那便是一九八六年的《異形2》（*Aliens*，港譯：《異形續集》）。結局的一幕，太空英雌 Sigourney Weaver 在太空船的載貨倉內與異形展開惡鬥，便是全靠穿上了搬運貨物用的機械衣甲，才能與異形一較高下。記得筆者首次觀看這部電影

時，心中不禁高呼：《星艦戰隊》的科幻創意終於在銀幕上復活了！

二○二二年上映（實於幾年前攝製完畢）的港產科幻大片《明日戰記》，也用上了體能擴大衣甲的構思，並成為了片中的亮點之一。雖然較一九八六年的《異形2》遲了三十六年，但「遲到好過無到」。（《異形2》當然也比小說《星艦戰隊》遲了二十七年。）

當然，對大部分人來說，更早接觸到這一創意是透過日本的動畫。筆者沒有進行考究，不知最先採用這一意念的動畫是否《高達的機械人世界》。但較肯定的是，早於上世紀八○年代初，由人類「駕駛」的巨型機械人在日本動畫中已是十分普及。不用說，這些「人控機械人」（也可看成是劇中人的機械化身）較《阿凡達》或《異形2》中的化身厲害得多。它們不單身軀龐大、火力威猛，而且更可飛天下海、來去如風。

然而，這些機械化身的身手如此不凡，正是導致它在科學上犯駁的地方。請試想想：坐在其中的血肉之軀，在不斷加速減速、急劇轉彎和猛烈碰撞的情況底下，即使不骨骼盡斷，也早該昏厥過去了吧。

最後順帶一提的是，《阿凡達》的男主角在現實世界

中要身坐輪椅，但在「化身」之後則行動矯健來去自如，這固然提高了故事的戲劇性並加強了主角想融入到納美族世界的衝動，但我們有沒有想過，在已經能夠進行星際飛行並發展出「化身科技」的這個未來世界，男主角這些殘障是否應該早已不算甚麼一回事呢？如果問題是斷肢則可以有自我控制的機械義肢，如果問題是腰椎神經受損則可以透過幹細胞移植治療。這樣看來，如今的描述自是有欺騙和煽情之嫌。

　　深入分析過《阿凡達》裡的中心科幻意念「化身科技」，我們終於可以看看劇中的其他科幻意念了。

飛龍、大地母親與浮懸山嶽

　　之前我們已經看過，潘多拉星球上的一些生物擁有可以「心靈互通」的「觸鬚」。這確是一個頗有創意的構想，亦提升了潘星人及至男主角可以駕馭飛龍的可信性。談到駕馭飛龍，相信不少科幻迷都會立即想到了科幻女作家安妮‧麥考菲利（Anne McCaffrey, 1926-2011）所創作的

《飛龍世界系列》（*The Dragonriders of Pern Series*，首集於一九六七年面世）。這個系列的前提意念實在十分精彩，可惜作者沒有將它好好發揮，而一集又一集的小說很快便淪為歐洲中古世紀式的英雄歷險故事。然而，從科幻迷的角度看，能夠透過《阿凡達》在大銀幕一睹《飛龍世界》中所描繪的壯觀景象，也實在是一件賞心樂事。

回到潘多拉星的生物之間可以有「心靈互通」或至少「心靈感應」這個現象之上。這當然把我們帶到科學研究女領隊 Sigourney Weaver 在電影中所作的一項「發現」，那便是整個潘多拉星球上的樹林甚至植被，都透過了一些「類神經網絡」的聯繫而連成一體似的。事實上，電影中多番強調潘多拉生物之間的息息相關甚至「一體性」，這當然是一種十分「綠色」的環保思想。熟悉「**蓋亞假說**」（**Gaia Hypothesis**）的朋友，當然會立刻想到科學家詹姆斯·羅弗洛夫（James Lovelock, 1919-2022）所提出的大膽構想，亦即整個地球的生物圈壓根兒便是一個超級生命個體。（Gaia 是希臘神話中的「大地之母」。）而人類肆意破壞這個自己也是一份子的超級生命，到頭來只會自取滅亡。

把「蓋阿假說」用於科幻電影當然值得一讚，但可惜

的是，筆者滿以為這個偏佈全星球的「植被神經網」，會被用於聯絡其他族群以抵抗地球人的侵略，但到頭來納美族人還是要驃騎四出、翻山越嶺地聯絡其他族人。超級生命網絡的設想在此並沒有發揮它應有的威力。

　　然而，潘多拉星球上一個神秘的地理特性，則被用以製造出一個令土著有可能「英勇抗敵」的條件。這便是在「浮懸山嶽」區域的「干擾性能量場」。這個能量場令人類的遙感探測儀器（例如在太空軌道中的人造衛星探測）及遙控武器失效，以至令侵略大軍必須採取「目視式」的層層推進和「埋身肉搏」。這固然增強了電影的戲劇性，卻是過於湊巧和「方便」，自圓其說得有點牽強。（從電影乃映射伊拉克戰爭的角度看，這就正如美軍不得使用巡航導彈一樣。）

　　「浮懸山嶽」活像宮崎駿動畫《天空之城》（1986）裡的景象，這一點很多人都提過了，我們在此毋須贅述。筆者反倒想提出另一觀點，那便是整個山嶽以至整座城市浮懸在空中的這一攝人意象，最早出現的，當然是《天空之城》用以作為藍本的《格列佛遊記》（*Gulliver's Travels*, 1762）。（《天空之城》更直接用了 Laputa 這個名稱。）但《格列佛遊記》始終只是一本幻想小說而並非科幻小說。

以筆者所知，首次將這意念賦予「科學基礎」的科幻作品，是英國作家布列殊於一九五五年開始創作的《飛行城市系列》（Cities in Flight Series）。在小說中，布列殊假想人類發明了一種名叫「Spindizzy」的反重力裝置。眾多的大城市為了擺脫專制的地球政府，於是紛紛「連根拔起」，投向無盡的星際空間……。事實上，西方的科幻美術創作中自六〇年代便已出現一些太空城市的景象，其靈感應是來自這一系列作品而非《天空之城》。（筆者於一九八六年在太空館主持了一個名叫「科幻中的科學」的公開講座，太空館設計的那張宣傳海報，正是用了這樣的一個意象。筆者頗肯定，意念乃來自西方的科幻美術而非剛剛上映的《天空之城》。）

至於潘多拉星球上的不少植物，輕輕一碰即發出幽光這種奇妙景象，看過《風中奇緣》的朋友是否覺得似曾相識呢？不錯，《風中奇緣》的女主角高歌片中悅耳動聽的主題曲〈Colours of the Wind〉（曾獲奧斯卡最佳歌曲獎）之時，導演已經採用了這種悅目浪漫的意象。這是《阿凡達》「集前作之大成」的又一例子。

最後不得不提的是，整部電影的大前提是對潘多拉星球上一種獨有礦物「Unobtanium」的掠奪。但這種礦物為

何如此珍貴，除了輕輕帶過說「是一種重要的能量來源」外，電影中是語焉不詳。當然，任誰也會將 Unobtanium 聯想到現今世界的中東石油（當然也可以是過往在中、南美洲的黃金），但從科幻的角度出發，人類既可跨越浩瀚的星際空間來到潘多拉，科技必定較我們今天的先進很多。就能源而言，無論是太陽能還是核聚變皆已可大大滿足人類的需求。我們實在難以想像，人類為何會因能源供應而需要掠奪這種礦物。

在一個更低的層次而言，Unobtanium 這個名稱顯然「暗示」這種礦物是如何的「unobtainable」（難獲得的），但這個文字遊戲實在太過明顯和幼稚了。此外，星球的名字叫「潘多拉」也十分荒謬。要知「潘多拉的盒子」（Pandora's Box）在西方是一個家傳戶曉的希臘神話，說的是天神把一個盒子交給潘多拉的丈夫暫時保管，並著令他切不可把盒子打開。潘多拉因抵不著好奇心的驅使，偷偷地把盒子打開，於是把各種災難如戰爭、瘟疫等釋放到人類的世界。不錯，潘多拉驚魂甫定後向盒子裡一望，發現留在盒底還有一樣事物，那便是「希望」。但大家可以想像，人類如果發現了一個好像故事中的星球，他會採用「潘多拉」這個不吉利的名稱嗎？這顯然是編劇者存心「寄

意」，卻全沒考慮現實世界中的可信性的敗筆。

好了，從科幻角度對這部電影的分析相信已頗為透徹，現在讓我們轉以歷史文化的角度來看看這部作品的含義。

《阿凡達》的歷史文化含義

這部作品的寓意十分清晰，那便是透過了科幻的設想，對人類歷史上一些民族恃著科技和軍事優勢，對較弱小民族進行掠奪和迫害的批判與控訴。傳統的文學和戲劇中常常有「借古諷今」的手法，科幻世界裡則常常有「借未來諷今」的做法。從尤金·薩米爾欽（Yevgeny Zamyatin, 1884-1937）的《我們》（*Мы*, 1929）、阿道斯·赫胥黎（Aldous Huxley, 1894-1963）的《美麗新世界》（*Brave New World*, 1932）、喬治·歐威爾（George Orwell, 1903-1950）的《1984》（1949）到瑪格麗特·愛特伍（Margaret Atwood, 1939-；港譯：瑪加列·艾活）的《侍女的故事》（*The Handmaid's Tale*, 1985）等都是很好的例子。

正如文首所述，《阿凡達》的意念和情節皆完全沒有

新意。就是以電影為例，從《小人物》到《藍戰士》到《與狼共舞》到《風中奇緣》……。誠如范仲淹在《岳陽樓記》中所述：「前人之述備矣。」然而，這部電影既然引起了全球的熱潮，筆者覺得還是有作進一步闡述的價值。

事實上，在人類數千年的歷史當中，影響最深遠的一項發展是最近這五百年的西方殖民擴張，以及由此而建立的西方霸權。透過了科學革命和工業革命所建立的科技優勢，這種霸權從軍事，政治、經濟延伸至社會，文化、思想等各個領域。雖然二十世紀一項最值得稱頌的發展，是眾多非西方民族終於擺脫了殖民統治，從而建立起自己的主權國家。但眾所周知，西方霸權並沒有因此消失，而只是以另一種方式延續下來。以美圓為本位的「全球經濟一體化」，正是這種延續的方式之一。

不用說，數百年的西方擴張為全世界的各族人民帶來了極其深重的災難。一些民族因此而滅種（例如在中、南美洲），而另一些如北美和澳洲的原居民，雖未完全滅族，但家園被佔後，已成了自己的家鄉中碩果僅存的「異客」。慘無人道的非洲奴隸貿易，則更是人類近代史上最醜惡的一頁。

但世事是弔詭的。西方文明固有其惡魔的一面，但在

很多方面，它亦把人類的文明推到一個新的高峰。其間特別是幾經艱辛才發展起來的有關人權、自由、法制、民主等觀念，已成為了普世的核心價值。當然，西方人在應用這些觀念時，往往因為維護自身的利益，而對其他民族採取了雙重標準。這種「講一套、做一套」的虛偽，當然逃不過其他民族的雪亮眼睛。

然而，西方人中亦有小部分敢於內省和反思。在美國而言，整體取向較為「進步」（progressive 是也；一些人則直稱為「左傾」）的好萊塢電影圈，可說是流行文化中的佼佼者。（較為激進的思想如諾姆·杭士基〔Noam Chomsky, 1928-〕等的觀點，當然與流行文化沾不上邊。）上文所舉的幾部電影，都以北美印第安人受到白人的迫害為題，正是好萊塢為白人進行「反思／懺悔」的作品。誠然，這些作品的背後亦必定有其商業性的考慮，但我們不應因此而完全沒殺了它們的誠意。

即使如此，我們亦不得不指出，礙於思想上的局限，這些反思往往並不徹底。最常見的情況，是故事把迫害的根源歸究為一些個別「壞蛋」的作惡，而沒有揭示背後更宏觀、更深遠的歷史上和體制上的根源。最明顯的一個例子，是作為「阿凡達藍本」的動畫《風中奇緣》，竟然

把白人對美洲土著的侵略，描繪成一個惡棍為了開採黃金所作的惡行。當然，這種描述會讓作為觀眾的白人好過些……。

上述這種「淡化」的手法，見諸大部分具有批判性和揭露性的好萊塢電影。隨便舉幾個例子，包括了《奪命總動員》（*The Long Kiss Goodnight*, 1996；港譯《特工狂花》）之中的中情局頭子、《緊急動員》（*The Siege*, 1998）之中的鷹派將軍、《全民公敵》（*Enemy of the State*, 1998；港譯《高度反擊》）中的國安局主管、《疑雲殺機》（*The Constant Gardener*, 2005；港譯：《無國界追兇》）中的英國外交部某些貪腐官員、《鋼鐵人》（*Iron Man*, 2008；港譯：《鐵甲奇俠》）之中的邪惡軍火大亨等等。較為值得一讚的，是《諜對諜》（*Syriana*, 2005；港譯：《油激暗戰》）這部電影，因為它沒有把問題歸罪於某一兩個「壞份子」，而將矛頭直指美國的整體國策。

事實上，我們不應只懂責怪好萊塢。就是我們自己拍的電影如李連杰的《霍元甲》，也不為了政治和商業的考慮，把日本的罪行歸究為一個惡棍為了個人利益的所作所為嗎？

以「仁政」抗衡「霸政」──人類永恆的鬥爭

回到《阿凡達》的批判性之上，它的矛頭指向的是整個人類，正是「有罪齊齊擔」。然而，真正負責開採礦物的則是一間超級跨國企業（或應稱為「跨星企業」），這當然令人想起《異形 2》中的跨國企業為了商業利益而不惜「引異形入室」、或《未來戰士續集》中的電腦公司 Cyberdyne 為求利潤而發展足以危害人類的超能機械人。事實上，在《阿凡達》中扮演跨國公司行政主管的，無獨有偶地與《異形 2》中的那個公司代表頗為酷似。這是巧合還是故意？可能筆者「心多」，總覺得這是刻意的安排。

還有一點大家不知有沒有留意，就是上述這個公司代表是整部電影中唯一結了領帶的！這顯然是一種刻意而非隨意的安排。要知科幻電影最講求「未來感」，因此劇中人的服式往往會盡量設計得與現今世界的不同。如今劇中人恰恰只有公司代表結著領帶，顯然是「幫助」觀眾把他連結到現實世界的「無良企業」之上。（至於直接殘害土著的，乃是由公司聘用的僱傭兵團，這一描寫當然並無新

鮮之處。早於一九九四年的電影《絕地戰將》（*On Deadly Ground, 1994*；港譯：《極地雄風》）之中，便已描述石油公司聘用僱傭兵以「保護」它們在阿拉斯卡的石油開採。）

這裡其實帶出了一個很大的弔詭。富於社會批判的科幻作品不斷將巨型的跨國／跨星企業「妖魔化」，卻又似乎對這些「妖魔」主宰著人類文明的進程感到束手無策，這是否一種基於「恐共情意結」的一種「文明宿命論」呢？（人性不是被共產極權摧殘便是被資本主義的大企業摧殘？哀哉！）

世上絕大部分的科幻迷可能都沒有留意的是，在美國甚至全世界都極受歡迎的長壽電視劇集《星空奇遇記》，其內所宣揚的其實是一套徹頭徹尾的共產主義思想！可不是嗎？劇集中從來沒有出現金錢，也從來沒有任何公司或企業在故事中出現。而劇中人也從來不會討論投資理財的話題。也就是說，人類顯然已經進入了馬克思所描述的「各盡所能、各取所需」的共產主義境界。你可能會說，劇集所描述的乃是遙遠的未來，但按照劇集所述，故事的背景只是公元廿三世紀。你可以想像，在短短的兩百多年內，金錢、銀行、私人企業以及股票市場等將已在人類的社會裡完全淡出了嗎？

扯得有點遠了，讓我們回到《阿凡達》這部電影之上。就批判意識而言，電影中最尖銳的一句對白是：「如果你們擁有一些我們想要的東西，你們便成為了我們的敵人。」（If you are sitting on something that we want, then you become our enemy.）

　　此外，片中也有如下的對白（大意）：「我們已經為他們提供先進的醫療和教育，也提出了各種賠償的方案，他們仍然如此冥頑不靈，完全是自討苦吃嘛。」筆者觀看這部電影前，有朋友跟我說，大部分人認為電影映射伊拉克戰爭（或數十年前的越戰）固然沒錯，但說它映射「菜園村事件」也無不可呢！（其時為二〇〇九年底，香港政府為了興建高速鐵路要在新界的菜園村收地，不少村民為了保衛家園而奮起抗爭。）我當時對電影的情節不大了了，聽到朋友這樣說，實在感到有點匪夷所思。但當我在電影院觀看著電影時，心中不禁大叫：「對了！這不正是菜園村的翻版嗎！」

　　我也無法解釋的一個現象是：筆者年紀愈大愈容易掉淚。論新意電影是完全欠奉的了。但看到納美族人以弓箭迎擊火力巨大的先進自動化武器、最後遭到大肆屠殺和家園盡毀、而族長（女主角的父親）則奮勇戰死之時，筆者

想到了人類歷史上無數同類的悲劇、以及人性的卑劣和醜惡，仍是不禁熱淚盈眶……。

電影中的族人在男主角化身的帶領底下，幾經艱辛終於把來犯的地球侵略者擊退。但稍有常識的人都會立刻想到，這其實只是個開始。在實力如此懸殊的情況下，面對地球大軍下一輪的攻擊，潘多拉原住民的厄運已是注定的了。當然，編劇和導演都不想情緒被帶至高潮的觀眾達到這個令人沮喪的結論。編劇於是再次發揮他的自圓其說本領，在地球侵略者撤退那一幕中，透過了劇中人的對白作出了這樣的一句「解說」：地球本身已是環境急速崩潰，政局不穩，相信重整旗鼓大舉再犯的機會是很微的了……。（然而，一早已有消息傳出，謂詹姆斯·卡麥隆將會拍攝此片的續集，則這個「自圓其說」將會很快被推翻。）

本文一開首即謂《阿凡達》這部電影即使沒有新意，卻仍然誠意可嘉。這當然是筆者的真心話。可是另一方面，我們亦必須看出，西方霸權的本質，並沒有因為這些表面（說得難聽一點是「廉價」）的懺悔而消減分毫。奧巴馬上台後不錯是部署從伊拉克撤軍，卻又以「反恐」為由增兵阿富汗。而更令人齒冷的，是《阿凡達》上演期間世界各國在哥本哈根召開的全球氣候峰會。在這個關乎人類安

危的會議上，美國作為全球暖化的罪魁禍首不但沒有挺身肩負起她應有的責任，更企圖將責任轉移到中國及其他發展中國家的身上。

但看過《阿凡達》這部電影的人（無論是西方人還是非西方人），有多少會體會到背後的歷史含義呢？「反霸」是一項世界各族人民的長遠任務。但我們除了必須保持團結之外，最要警惕的，是不能重蹈覆轍，變成了另一個霸權（無論是「中國霸權」還是「印度霸權」）。《阿凡達》是西方人拍的戲，片中的地球人自然以西方人為代表，但請大家想想，片中的地球侵略者其實也可以是中國人、印度人或俄國人。在筆者看來，這是《阿凡達》這部電影背後最重要的訊息。

註：本文定稿於二〇一〇年初。二〇二二年，千呼萬喚始出來的《阿凡達2：水之道》終於面世，但這部續集的故事薄弱兼且了無新意，全球皆劣評如潮，不談也罷！

歷史會稱我們為妻子

《沙丘》中的聖戰與超人境界

從前，香港有個唸中學五年級的學生，還有不出半年便要應考當年的中五畢業公開試，而考試成績將會決定他是否可以入讀中六、七的「預科班」（按照當時的英式學制），兩年後再應考大學入學試。不過，那時的他仍然經常往大會堂公立圖書館蹓躂，並在那兒借閱休閒的書籍。有一天，他雀躍不已地發現，在科幻小說區的書架上，放著一本他慕名已久卻從未在圖書館見過的科幻鉅著。

一時間，他內心充滿著矛盾：他是應該在考畢公開試之後（即數月後）才借閱，還是立刻借走，待閱畢之後才專心預備考試呢！雖然看見小說足足有四百頁之厚，這個剛滿十七歲的小伙子最後只是躊躇了一會，隨即把心一橫，把書立刻借走，然後用了兩個星期的時間把它看完並歸還，接著心滿意足地，一頭栽進預備一九七三年「中學會考」的天昏地暗的溫習之中⋯⋯。

聰明的你當然已經猜到，這個任性的小伙子便是我。至於這本科幻鉅著呢？乃是美國科幻作家法蘭克・赫伯特（Frank Herbert, 1920-1986）於一九六五年發表的《沙丘》

（*Dune*）。

「心滿意足」其實不足以形容我當年的心情。更貼切的形容是「震撼」和「亢奮」！因為小說實在太精彩了！要知我在初中時代已經看了阿西莫夫的經典鉅著《銀河帝國三部曲》（直譯是《基地三部曲》），所以總有點懷疑，《沙丘》雖然有名，卻如何能夠超越前作？但看後我不得不承認，雖然未能說超越，但肯定是各有千秋各自精彩。

大學二年級，我無意中在書店找到這本書的平裝版，興奮的我當然立即買下並拿來翻看，怎料一看不可收拾，最後把書一口氣看完。我是絕少重看書籍的人，記憶中真正重看的只有兩本，一本是《射雕英雄傳》，另一本就是《沙丘》。

一九八四年，我那時已經出來社會工作。欣聞這部我鍾愛的作品被拍成電影，不用說，它在香港上映我便第一時間前往觀看（在香港上映時被命名為《星際奇兵》，一個俗不可耐的名字；我是後來才知臺灣譯作《沙丘魔堡》，雖然較香港的好一點，但「魔堡」一詞也是完全無中生有……）。結果呢？可說既滿足又失望。滿足是因為我心愛的作品被搬上了大銀幕，從而可讓更多人所認識。失望是因為跟原著差了一大截，那感覺便有如金庸迷第一次看《射

雕英雄傳》的早期電影或電視版一樣。

最初，這部由著名導演大衛‧林奇（David Lynch,
1946- ）執導的電影在西方也是劣評如潮。但奇怪的是，隨
著時間流逝，評價竟然逐漸向好，到了近年，已經被不少
影迷被視為一部（雖然有瑕疵的）經典之作。

歲月匆匆，三十七年轉眼過去。電影特技的水平與
一九八四年自是不可同日而語。對於全世界的《沙丘》
迷，這部小說將被重拍的消息一出，即令大家異常興奮與
期待。終於，這部新版《沙丘》（香港今次譯作《沙丘瀚
戰》，比上一次好多了）在新冠病毒肺炎肆虐全球的二〇
二一年期間上映，結果是票房與口碑皆非常不俗。不用說
我也是第一時間前往觀看。這一趟雖然說不上十足滿意（大
家認為哪一部《射雕英雄傳》的影視作品令你十足滿意
呢？），但也放下了心頭大石。因為它除了是高水準之作
外，也確實彌補了一九八四年版的一些不足的地方，絕對
不是某些「新不如舊」的重拍之作。（著名科幻電影《Total
Recall》[1]便不但新不如舊，新作簡直是爛片一部！）

一些科幻迷認為新作大大超越了前作，我不打算就此
爭辯，而只是想指出，一來今天的電腦特技幾乎無所不能，
與當年需要耗費大量人力和金錢的原始特技自是不能相比。

二來當年導演要在兩個多小時（一百三十七分鐘）之內交代整個故事，而新版分上、下兩集，上集的一百五十五分鐘只是涵蓋了故事的上半部，導演自然可以有更大的空間發揮。更由於珠玉在前，導演可以參考前作的優點和缺點，並針對性地作出改進，原則上超越前作是應該的。（這個結果可不適用於大量「新不如舊」的重拍之作。）

《沙丘》魔力何在？

說到底，《沙丘》這本小說究竟有甚麼魔力，令到一代又一代的讀者為它著迷，而且被兩度拍成製作浩大所費不貲的電影？扼要言之，這是一部想像力高超、佈局宏大、

1.　編註：由美國科幻小說家菲利普‧狄克（Philip Kindred Dick）作品《We Can Remember It for You Wholesale》改編。一九九〇年版，臺譯：《魔鬼總動員》；港譯：《宇宙威龍》，由演員阿諾‧史瓦辛格、莎朗‧史東主演。二〇一二年版，臺譯：《攔截記憶碼》；港譯：《新宇宙威龍》，由演員柯林‧法洛、凱特‧貝琴薩主演。

氣勢磅礴、人物眾多、情節緊湊、細節極其豐富多姿，以及科幻意念出色的史詩式科幻鉅著。它的內容涵蓋了歷史、文化、宗教、政治、軍事、天文學、生物學、生態學、心理學等眾多領域。喜愛「硬科幻」的讀者固然會因為它的科學意念和機關、道具、佈景等感到興奮；而喜愛「軟科幻」的讀者亦會因為它所包含的哲學、宗教、文化、語言等因素而感到著迷。至於我們華人讀者，更加會因為故事中描述的「吐納功夫」、「內功心法」、「傳音入密」、「攝魂大法」、「龜息術」、「技擊／擒拿手法」，以及「以一敵百」的高超劍術等武俠元素感到著迷。（留意我只是套用了武俠小說的用語，故事裡完全沒有提及中國武術。）

說到細節的豐富多姿，這部小說可能破了歷來的紀錄，因為它除了附有一幅「沙丘」星球的地圖外，還有四個附錄和一個詳盡的詞彙表。這些附錄乃模擬小說世界裡的一些歷史文獻甚至秘密報告。它們一方面加深了讀者對故事背景的了解，另一方面也加強了故事的逼真感。至於詞彙表，則是為作者赫伯特在書中自創的大量「未來詞彙」作出扼要的解釋。簡單的邏輯是，正如中世紀的人來到廿一世紀的話，必然發現很多他們全然不明所以的詞彙，所以在一個遙遠未來的世界裡，也必然有很多我們今天無法理

解的詞彙。這些自創的詞彙和詞彙表，既提升了小說的趣味性，也加強了故事的逼真程度。

說了這麼久，究竟這個故事講的是甚麼呢？首先，故事發生在距今一萬年的遙遠未來。那個時候，人類早已遍布整個銀河系並經歷了多次興衰，期間的「大離散」（the Scattering），曾令人類文明各自發展。最後，經歷了漫長而紛亂的「戰國時代」之後，科連努家族（House Corrino）力壓群雄而建立了統一的銀河帝國。但由於帝國是如此龐大，戰國時期的不少王國仍然擁有一定實力，只是他們都已經臣服並效忠於朝廷罷了。這便有如中國先秦的商、周時代的情況，也有如歐洲中世紀國王與貴族之間的關係。皇朝與這些「諸侯」（也可視之為「藩鎮」）共稱「蘭斯勒眾府」（Houses of Landsraad），而共議的組織則稱為「大議會」（High Council），不用說皇帝是議會的當然主席。

這個未來世界中最珍貴的物質，是一種叫「米蘭芝」（melange）的香料。這是因為負責駕駛所有星艦的領航員（space navigator），都必須長期進食這種香料，再經歷艱苦的鍛煉，才可透過「念力」，「將時空褶曲」，令人類可以超越光速而馳騁於星際空間。也就是說，沒有了

這種香料，或只是香料供應出現嚴重問題，帝國將會分崩離析。（香料另一珍貴之處，是有補充元氣延年益壽的功能。）

但問題是，在整個銀河系中，這種香料只能在一個星球上找到。這個星球的名稱是阿里卡斯（Arrakis），但由於它幾乎被沙漠所覆蓋，所以又別稱「沙丘」（Dune）。

在眾多的蘭斯勒家族之中，最顯赫和勢力最大的，是長久以來存在世仇的雅翠迪斯（Atreides）和赫哥倫（Harkonnen）兩大家族。故事開始時，赫哥倫家族已被朝廷委派在「沙丘」星球負責開採「米蘭芝」多年。但當時的皇帝薩達姆四世忌憚兩大家族勢力日隆，於是決定進行挑撥。方法是突然下令將開採香料的責任由赫哥倫家族轉交給雅翠迪斯家族。他明知前者必會極不甘心，並會在「沙丘」星球埋下大量致命的陷阱以對付雅氏家族，後者亦不會坐以待斃而奮起還擊。如此則朝廷可以坐山觀虎鬥，最後收漁人之利。

故事就是在這樣的背景下展開。

科幻未來中可以懷舊

　　但問題是，故事既然發生在一萬年的未來，那時人類在人工智能、超級武器和遺傳工程等方面的發展，不是應該導致一個（一）到處都是超能機械人甚至人工智能已經主宰一切、（二）一個超級炸彈已經可以夷平一個星球，所以交戰的話只會兩敗俱傷、以及（三）人類已經透過基因工程自我改造成為「超人」，並且變得面目全非……的一個今天的我們怎樣也無法辨識的世界嗎？要描述一個離我們這麼遙遠的陌生世界而又要引起讀者的共鳴，幾乎是一件「不可能的任務」！

　　在這方面，你可以說作者取巧，也可以說他聰明（兩者當然沒有矛盾）。因為藉著情節的推展（也部分借助附錄的解說），他逐步帶出了這個未來世界的幾個基本設定：

1. 人類於遠古時（時間仍然在我們的未來），曾經發生大規模的人工智能叛變，而人類跟智能機器進行了一場曠日持久和極之慘烈的戰爭。最後，在「巴特勒聖戰」（Butlerian

Jihad）的口號下，人類終於殲滅了所有智能機器，並且立下了神聖的戒律：「人類永遠不能製造按照人類的形象塑造的機器。」（這是筆者第一次認識「聖戰」（jihad）這個英文字；至於 Butlerian 一字，科幻發燒友皆知道來自《烏有鄉》（*Erewhon*, 1872）這本小說的作者塞繆爾·巴特勒〔Samuel Butler, 1835-1902〕。）

2. 在武器方面，亦由於人類曾經飽受核子星際大戰之苦，所以各方的勢力即使如何你爭我奪，也共同服膺於「永遠不能使用任何核子武器」的星際條約。任何違反條約的家族將會被視為人類公敵而被群起攻之。（留意在小說成書的上世紀六〇年代初，「核能／核武」（nuclear power/nuclear weapons）這些名稱仍未流行，所以小說中的核武被稱為「atomics」。）

3. 在遺傳工程方面，亦由於經歷了人類的生物異化和分裂帶來的紛亂，在一股強大的宗教復興的潮流下，任何直接對人類遺傳的干

預都被視為褻瀆和大逆不道的行為。簡單而言，遺傳（基因）工程被列為一大禁忌。

就是這樣，作者便可以在一個實現了超光速飛行（否則銀河帝國便無從說起），卻是沒有電腦、沒有核武和沒有遺傳工程的前提底下來縷述他的銀河帝國故事。這種做法不但令故事的情節設計容易得多，也可以讓故事披上歐洲中古世紀以及巴洛克式的浪漫色彩。如果大家有看過一九八四年版電影裡的建築、服裝、道具等的美術設計，必會感受到這種「遙遠未來中的懷舊」的魅力。

這還不止，小說中固然有使用傳統的槍械，卻充滿著技擊、格鬥和劍術的描述（上文提到的武俠元素）。為甚麼會這樣呢？原來這也是作者為了增強趣味的刻意設計。原來在這個未來世界，除了超光速這項超能科技，還有一個超越我們今天的科技水平，卻長久以來被科幻作家廣為使用的「機關道具布景」：無形無質、卻有如金鐘罩般可以防禦外來攻擊的「力場」（force field）。這原本不是甚麼新鮮的意念，但作者赫伯特卻在此變出了新花樣，就是假設有一個隨身的裝置，能夠產生出可以包裹著一個人（卻全然不妨礙他的活動）的微型力場。尤有甚者，他更假設

這個力場可以阻擋高速的物體（如子彈）的進入，卻可以被相對緩慢的東西（如手持的利劍）所穿透。

這是一個精彩的設定。因為如此一來，雙方持著槍械的話根本無法傷到對方，要真正克敵，惟有進行「埋身肉搏」，而劍術和身手的高招便成了決勝的關鍵。故事中便曾經多次強調，帝國的最精銳部隊，是令人聞風喪膽的「殺鬥格戰士」（Sardaukar），因為他們除了體能和忍耐能力遠超常人，劍術更是深不可測，傳聞已可達到以一敵百的境地。對於赫伯特如此苦心孤詣地作出這個「科幻」假設，以令一萬年後仍有劍術高低之分和大量格劍的場面出現，當時只有十七歲的我首次讀到時，心中不禁高呼：「虧你這樣也想得出！」

美國科幻作家海萊因有一名句：「人類不是理性的動物，他只是凡事都要合理化的動物。」（Man is not a rational animal, he is a rationalizing animal.）這句話固然可以從負面的角度理解，但從正面的角度來看，優秀的科幻作品就是能夠將一些天馬行空的意念巧妙地合理化，令讀者欣然接受並沉醉其中。作為一個超級科幻迷，筆者當然明白箇中道理，亦領略過不少這些「合理化」之下的創作成果。但在眾多出色的科幻作品中，《沙丘》在「合理化」

的運用方面可謂首屈一指，其他作品難出其右。

回到上述的「三大禁忌」方面，赫伯特並非只是設限而是續有發揮的。就電腦科技方面，未來世界的運作，始終需要大量而且高速的數學運算能力作支撐。由於不能製造運算機器，一部分人於是被訓練成超能的「人肉計算機」，小說中稱為「mentat」。你可能認為這個構思過於誇張，但如果你知道一些患有認知障礙的人，卻可以過目不忘並且能夠快速進行龐大而複雜的算術運算（稱為 savant syndrome，異稟症候群），便會明白這個構思並非完全沒有科學根據。

在核武方面，我無法在此多說，因為它是劇情中的一個關鍵，再說便會劇透，而小說／電影也就不好看了。

遺傳工程與女修會的使命

至於遺傳工程方面，正是故事的一大主題。這兒可以透露的是，這個未來世界中還有一大隱秘勢力，那便是全部由女性組成的團體，名字叫「班尼·積剎利女修會」（Bene

Gesserit Sisterhood）。說是「隱秘」並不完全正確，因為這是一個廣為人知的團體，而很多女修士都身居要職。一眾權貴對這些女修士都抱有矛盾的態度，這是因為她們組織嚴密而又神秘兮兮，而且個個身懷絕技，以致權貴在她們背後都稱呼為「女巫」。可是另一方面，正正由於她們身懷絕技，包括有一定的心靈感應（讀心術）和預測未來的能力，也懂得近乎「攝魂大法」的催眠術，以及源自遠古瑜伽術的身體自我操控的方法，所以當中那些修行特別高的「聖母」（Holy Mother），都被重金禮聘為各個王府中的特別顧問，既向當權者提供各種意見，也負責王族子女在體能、心智和技擊上的嚴格訓練。（我首次閱讀小說時，便很自然其然地努力為很多英文名稱配上中文。例如對於這個組織我便稱為「羅剎教」，成員稱為「女羅剎」，而由羅剎教衍生的極端組織「Honored Matres」，我則稱為「天魔聖母」！）

所有這些跟遺傳工程有甚麼關係呢？關係在於，這個帶有宗教色彩的女修會，信奉的不是某個神祇，而是人類演化上的一個終極境界。她們相信，達於這個境界的人可以超越時空生死、能知過去未來。這個人她們稱為「坤剎斯·哈道勒」（Kwisatz Haderach）。而修會的使命，就是

促使這個「超人階段」早日來臨。

由於直接的基因改造被嚴厲禁止，所以她們採取的方法，是透過長期而隱蔽的優生學方法，亦即「配種」。具體而言，她們不斷作出海量的基因分析，然後根據結果，以極巧妙和隱蔽的方法來引導王族之間的姻親嫁娶。數千年來，她們已經將不同的血裔（基因譜系）進行試驗性的混合，而世人一直懵然不知。

至此，我們終於可以介紹用作小說名稱的「沙丘」星球了。這是一個極其乾旱的星球，如果不是擁有「米蘭芝」這種香料，在星際間根本不值一顧。然而，在這個環境極其惡劣的星球上，卻居住著宇宙間一種最可怕的生物：碩大無朋而又可以在沙丘深處神出鬼沒的「沙蛆蟲」（sandworms）。由於任何震動都會誘發這些蛆蟲進行攻擊，因此牠們是香料開採期間最大的威脅。牠們的重要性還不止於此，但為了不透露劇情，我唯有賣個關子，就此打著。

星球上還居住著生活原始簡樸而數目則無人知曉的原住民，稱為「費敏人」（Fremens）。這些費敏人的適應能力極強，而且極其剽悍，只是在帝國的高壓統治（特別在赫哥倫家族的殘暴統治）底下，一直敢怒而不敢言罷了。

他們世世代代流傳著一個預言，就是終有一天，會有一個救世主從天外降臨。他會帶領族人推翻暴政，令所有人得到解放，並且重新成為沙丘星球的主人。（作者赫伯特曾經透露，有關費敏人的描述，乃以中東沙漠的遊牧民族 Bedouin 為藍本。）

故事的背景設定還不止此，其他的還有「效忠保證的皇家心理制約」（imperial conditioning）的設定、「只有女性才可以轉化的有毒聖水」的設定、以及「先立妾再娶正室的王族婚姻慣例」等。至此相信大家已可領略，這本小說的構思是何等的宏大而又細節豐富，而這正是它的魅力所在。

由於小說十分成功，赫伯特之後還寫了五本續集。以小說論小說，這些續集的精彩程度跟首集相差頗遠，所以我介紹朋友看《沙丘》時，從來都說看第一集已然足夠。但話說回來，就小說所探討的歷史和政治倫理哲學而言，首集其實著墨不多，反而第二、三集有較深刻的反思。扼要而言，就是「以戰止戰」以至生靈塗炭的救世英雄要怎樣做，才不會淪為下一個暴君？抑或這是一個無法避免的宿命？（續集還帶出了帝國內的其他邊緣勢力如 Ixian 和 Tleilaxu 等，所以加上原有的勢力如太空航行協會和跨星際

香料貿易企業 CHOAM 等，最後有超過十股勢力在明爭暗鬥……）

最後不得不提的，是小說首集結尾的一句話：「**歷史會稱我們為妻子。**」一部佈局如此宏大的史詩式科幻鉅著，卻以這樣一句既平凡又獨特的話作結，不能不說是作者的神來之筆。

《沙丘》電影新舊比較

回到兩個電影版本之上。大家可以想像，完全沒有看過這本小說的觀眾，要在兩個小時左右的電影中了解整個故事是何等困難。在一九八四年的版本裡，編導作出了一個冒電影技巧之大不諱的決定，那便是將劇中人的內心想法以獨白的方式念出。要知在文字的媒體這是大眾都接受的常用手法，但在以影像為主的電影，自從我們脫離了默片時代，一個不言而喻的共識是，劇情必須由劇中人的對白和行動帶出。要以獨白交待劇中人內心的想法，是一種近乎禁忌的「低下」手法。

不用說，面對如此複雜的遙遠未來故事背景，編導是在無計可施之下才出此下策。我當年觀看時也覺得十分兀突和大不以為然。事隔近四十年後的新版由於分了上、下兩集，而編劇也施展渾身解數，故再也沒有採用這種手法，而是用傳統的電影手法將故事鋪陳。成績如何大家可以直接比較。在我看來，兩個版本的這個差別是較電影特技進步更為重要的分野。

可另一方面，舊版中偶有出現薩達姆四世的女兒——亦即男主男保羅後來的正室——伊烏蘭公主（Princess Irulan）的旁述，卻是原著中採用的一種敘事手法，而非編導生硬加進去的。

另一個也是跟特技無關（至少就電腦特技而非攝影手法而言），是新版中的武打場面。上文筆者提及「新版確實彌補了一九八四年版一些不足之處」，指的主要就是這一點。要知小說的魅力之一，就是它所描述的技擊和劍術，而被渲染得最屬害的，便是以一敵百的一班大內高手「剎鬥格戰士」。但在舊版電影中，這些戰士個個穿著好像防疫用（卻是全黑色）的全身保護衣服，不但完全看不到如何身手不凡，更加有如酒囊飯袋般前仆後繼地被敵方射殺。（為甚麼可以遠距離射殺？這便跟故事中的新型「音波武

器」有關，在此按下不表。）老實說，對於作為科幻迷也是武俠迷的我，這是我對舊版最為不滿的地方！（話得說回來，舊版最後一幕男主角與歹角的姪兒比武，算是拍得不錯。）

在「彌補了一九八四年版一些不足之處」這方面，新版另一抵讚的地方，是重現了原著小說所描述的「撲翼飛行器」（ornithopter）。這種既非定翼機也非直升機的「撲翼」設計模仿自生物界——特別是蜻蜓——的飛行原理，雖然從物理和工程的角度來看顯得牽強（不可能比傳統飛機設計優勝），卻也是小說家的一項獨特創意。可能受到當年特技水平的限制，一九八四年版的電影刪除了這項設計，令作為觀眾的我十分失望。新版重新加回，是我對它加分（雖然只是零點幾分）的原因之一。

在新版裡，可能導演與筆者「英雄所見略同」，也應該是數十年來，西方電影大量吸收了香港武打電影的養分，所以其中的武打場面令人眼前一亮，與舊版的相距不啻雲泥！當然，貪心的我認為能夠再渲染和凌厲一點便更好（吳宇森的《劍雨》和爾冬陞的《三少爺的劍》等可作參考），但即使以現時的水平，我也大致收貨了。

至於最多人談論的一點，亦即新、舊版的男主角哪個

的外形和神髓更符合原著，又或是扮演歹角赫哥倫男爵的演員和造型孰優孰劣，甚至男主角的母親積茜嘉夫人哪個更漂亮等，便不在本文討論的範圍了。

　　無論閣下是否看過原著小說，我希望本文能夠提升你觀看電影時的趣味。記著，新版固然要看，舊版也不可錯過啊！

註：如果閣下是電影發燒友，我強力推薦你把《The Making of Dune》這本書找來一看。作者埃德‧納哈（Ed Naha, 1950-）在書中詳述了大導演大衛‧林奇在拍攝這齣舊版的《沙丘》時所遇到的種種困難，其中不少令人哭笑不得。看後你會領略沒有電腦特技的舊版成績實來得不易。

混沌理論與「三體難題」

天文學角度看《三體》

雙體？三體？N體？

筆者自幼愛上天文，並由此愛上物理。遠在學校還未教授牛頓力學之前，便已從課外的科普讀物中，知道牛頓力學和萬有引力理論的建立，乃是人類認識宇宙道路上一項了不起的成就。這套理論能夠計算出天體未來數十、數百甚至數千年後的位置，讓我們能夠準確預測日食、月食、水星凌日、金星凌日等天文現象。

然而，有一個課題是學校（包括大學）始終沒有教，而只是我從課外閱讀所獲悉。它給我帶來了很大的震撼，並使我在熱烈擁抱科學理性的同時，懂得對奧妙絕倫的宇宙心懷謙卑。這個課題是甚麼？聰明的你當然已經猜到，它就是萬有引力理論中著名的「三體問題」（The Three-Body Problem）。

其實，當我第一次認識三體問題之時，我有一種強烈的被騙感覺。這是因為被譽為可以「涵蓋宇宙萬物」的牛

頓引力理論，原來適用的範圍只是限於兩個物體之間的互動，而一旦我們加進第三個物體，有關的方程式便無法算出準確的答案！（術語上是無法求得 analytical solution，可譯作「**確斷解案**」）我的第一個反應是：這是個甚麼鬼理論？還說甚麼「萬有」呢？

當然，我很快便發現，牛頓引力理論之所以這麼成功，是因為宇宙間大部分的引力問題，都可以約化為「雙體系統」中的「質點」運動問題。一個典型的例子，是當時令我無比興奮雀躍的登月壯舉。

科學家之所以能夠準確計算出「太陽神」太空船的軌道，並令到太空人登月後可以安全地返回地球，是因為我們只需計算地球和月球這兩個天體對太空船所起的引力作用，而完全不用計算太空船對兩者的引力作用。不用說，這是因為太空船的質量比起兩個天體乃微乎其微，所以我們在某些計算方程式中，可以把它的質量設定為「零」，於是「三體問題」便變成了「雙體問題」。

我說「在某些方程式中」，是因為在確定了太空船所在位置的總引力場之後，要推算太空船的運動會受到甚麼影響，我們當然要把太空船的質量計算在內，但這時需要用的只是牛頓的「**第二運動定律**」（**F=ma**），而不是萬有

引力數學公式。

　　然而，不是所有天體運動的計算都可以這樣化解的。當第三個物體的質量不是太大但也不能被約化為零的時候，科學家巧妙地採用了一種基於**「攝動理論」**（perturbation theory）的逐步迫近演算方法。在以往，這種**「數值演算法」**（numerical method，以相對於 analytical method）需要進行大量極為繁重的人手計算，但自從電腦出現，這些工作已經由不會疲倦的電腦代勞。（留意大部分情況下，現實中要處理的不是「三體問題」，而是 N 大於三的「N 體問題」。）

「決定性混沌」的跳板

　　以上便是我在中學畢業之前對「三體問題」的所有認識。之後在大學雖然主修物理，但課程半點兒也沒有觸及這個議題。反倒我在課餘閱讀中，認識了木星軌道上的**「特洛伊小行星群」**（Trojan asteroids），進而知道甚麼是**「拉格朗日點」**（Langrangian points），這些點是兩個天體──

在此是太陽和木星——共同引力作用下的一些穩定質點位置。

畢業後不久，我加入了仍在籌備開幕的香港太空館工作。不久，我對「奧尼爾式太空居所」（O'Neil space habitats）產生興趣，並在一九七九年的一次公開天文講座中，向大眾講解將未來的太空城市置於「L5」拉格朗日點（地球和月球共同引力作用下的穩定質點位置之一）的好處。[1]

上世紀九〇年代初，我對「混沌理論」產生了濃厚的興趣。從閱讀大量有關的書籍，我首次知道土星的衛星土衛八（Iapetus）的混沌旋轉狀態。按照科學家的解釋，這是由於一種叫「軌道共振」（orbital resonance）的現象所引起，而這種現象之所以會出現，與「三體問題」有著一定的關係（土星、土衛八和其他的土星衛星之間的相互作用）。

不久，我得悉在十九世紀末，法國科學家亨利·彭加勒（Henri Poincare, 1854-1912）曾經為了一個為慶祝瑞典

---

1. 有興趣的朋友，可上《維基百科》查閱 L5 Society 這一條目：https://en.wikipedia.org/wiki/L5_Society 。

國王六十大壽而設的數學比賽，深入研究了太陽系的穩定性問題。諷刺的是，他的論文獲得首獎。但在付印期間，彭加勒才發覺自己犯了一個嚴重的計算錯誤，而當他把錯誤糾正過來時，卻無意中發現了由「三體問題」所導致的「混沌動力學」（chaotic dynamics）。然而，由於他覺得結果過於匪夷所思，所以沒有進一步研究下去。（彭氏研究範圍之闊是有名的，所以他永遠不乏等著他研究的課題。）

事實上，彭氏的研究確也走在時代的前頭。人類對混沌理論的全面探討，還有待上世紀六、七〇年代的多項意外發現。其中最著名的，當然是科學家愛德華・羅倫斯（Edward Lorenz, 1917-2008）在嘗試以電腦演算預測大氣層變化時所提出的「蝴蝶效應」。

一九九四年初，我在香港理工大學開辦了一個名叫「從混沌到複雜——一場現代的科學革命」的通識課程，期間蒐羅和整理了大量有關的材料。年底，我跟太太和小女兒舉家移居澳洲雪梨並在那兒住了四年，期間多次在雪梨大學開辦了同一個課程（當然要改為全英語授課）。不用說，「三體問題」是課程內容的一部分。只是，我一直把它看作為人類發現「決定性混沌」（deterministic chaos）過程

中的一的「跳板」，對問題本身再也沒有深究。

真實的「三體」

「三體問題」再次引起我的注意，是我從澳洲回流香港之後。大概十二、三年前吧，好友葉李華（臺灣頭號科幻推手，十卷本的《衛斯理回憶錄》作者）來港之時，極力推薦我閱讀內地作家劉慈欣的作品。不用說我逕直找來了劉氏最有名氣的《三體》一看（應是從科幻會好友白錦輝那兒借得）。這是一部字數達八十多萬的科幻鉅著，分三卷出版。我開始看時第三卷才剛剛出版。

有關《三體》這部中文科幻鉅著的評論已經汗牛充棟，不用我在此贅述。但很少人提出的一點（我是基本上未有見過），是全書的大前提，即「三體人」因為要逃避「三體恆星系統」的惡劣環境才大舉侵略地球，究竟有多大的科學根據？我可以告訴大家，當我得悉這個大前提之時，我是難以置信啼笑皆非兼而有之！

我為甚麼這樣說呢？看過小說的朋友都知道，「三體

人」居住的行星，處於距離地球近四光年多的一個「三合星系統」（triple star system），正正因為「三體問題」的影響，行星環繞三顆「母星」（parent stars）的軌道千變萬化：當軌道進入一個相對穩定的時期，三體人稱之為「恆紀元」；而當軌道進入一個無法預測的激烈變化時間，他們稱之為「亂紀元」。萬千年來，三體人努力適應著這些暴烈的環境變化，但最後，因為預計環境會變得極其惡劣而無法適應，於是決定遠征地球重建家園。

以題材論，《三體》與 H‧G‧威爾斯於一八九七年發表的經典科幻作品《宇宙戰爭》中描述火星人為了求存而侵略地球同出一轍，因此可說了無新意。但所謂「戲法人人變、巧妙各不同」，《三體》之備受讚賞，不在乎它的主題，而在乎它恢弘的氣魄和驚人的細節。二〇一一年初臺灣的貓頭鷹出版社出版《三體》的繁體字版，我被邀撰寫推薦語。我是這樣寫的：「這不單是中文科幻的巔峰之作，就是以西方科幻的最高標準來看也是巔峰之作。劉慈欣的超凡想像力和創作力使人瞠目，知識的廣度和思想的深度更令人讚嘆和折服。史詩式科幻是科幻創作中的最高境界，而這部作品則是史詩式科幻的極致。」。

二〇一一年中，香港舉辦一年一度的書展，從內地請

來了劉慈欣主持專題講座。身為「香港科幻會」會長的我，自是與一眾會友前往捧場。兩天後，「大劉」（內地對他的暱稱）更應科幻會之邀，前往我們在新界西貢的會址探訪。不用說，是次出席的會友甚眾，而我們在熱烈的交流之後，更前往海旁的酒家吃海鮮。

至此大家可能覺得費解，我對《三體》的評價這麼高，為甚麼方才又說得悉小說主題後感到「難以置信啼笑皆非」呢？且聽我道來。

我不是說我自幼便發燒天文嗎？書中所說的「距離地球四光年多的三合星系統」，我就是唸小學時也知道那只可能是半人馬座（Centaurus）的主星「南門二」（Alpha Centauri），是宇宙中最接近太陽系的一顆恆星。如果《三體》在我唸小學時出版（即五十年前左右），我會對它的前設深信不移。但現在已是二十一世紀，而科學家（以及筆者）對南門二的認識已經加深了很多。

我們一般把南門二的距離列為 4.3 光年，亦即以光速前往也要花上四年多的時間。但這只是指這個系統的主體而言，如果我們考察的是其中一顆距離最近的成員，則距離是 4.2 光年左右。這顆成員我們稱之為「毗鄰星」（Proxima Centauri）。

那麼三顆恆星的關係是怎樣的呢？讓我們較深入的看看。首先，科學家把三顆星稱為 A、B、C，而**毗鄰星就是南門二 C**。但從天文學和太空探險的角度看，真正有趣的是 A 和 B。研究指出，兩顆星都跟太陽頗為相似，但 A 比太陽龐大一點、明亮一點；而 B 則比太陽細小一點、也暗淡一點。此外，這兩顆星的相互距離，可由最遠的約等於太陽和冥王星的距離（即「日、地距離的 36 倍」，術語是 36AU），到最近的約等於太陽與土星之間的距離（即 11AU）。由於它們質量相近，所以彼此都是環繞著一個共同的重心（在太空中一個看不見的點）互相繞轉，而繞轉一周的時間約為八十個地球年。

按照科學家的推斷，在這樣的一種狀況下，A 和 B 這兩顆恆星完全可以擁有各自的行星系統（planetary systems），而這些行星（就如太陽系中的水星、金星、地球和火星等）會擁有穩定的軌道。理論上，也可以存在著一些以 8 字形狀的軌道同時繞轉著 A 與 B 的行星，但這些軌道的穩定性會較低，而即使存在，上述的環境也不會出現《三體》中的「恆紀元」和「亂紀元」般戲劇性的變化。

那麼「南門二 C」（毗鄰星）又如何呢？天文學家發現，原來 C 是一顆較太陽小得多也暗得多的「紅矮星」（red

dwarf）。它跟 A、B 的距離是 13,000AU。按照計算，它環繞 A、B 的「共同重力中心」（common barycentre）一周的時間需時約五十五萬年。（曾經有過一段時期，天文學家懷疑它是否真的與 A、B 有關，但深入的研究顯示，三顆恆星確實在引力上連成一個體系。）

不會出現的「恆紀元」與「亂紀元」

在觀測上，科學家至今未有發現任何環繞著 A 或 B 的行星。（二〇二一年的觀測數據顯示，南門二 A 可能擁有一個像海王星大小的氣態行星，但往後的觀測未能確定是否屬實。）意料之外的是，他們反倒在二〇一六年發現了一顆環繞著毗鄰星運行的天體。研究顯示，它離毗鄰星只有 0.05AU，環繞一周只需 11.2 個地球日。而按照估算的溫度，它的表面可能容許液態水的存在。這是一個令人非常興奮的發現。一下子，它成為了人類迄今發現的距離最近（應是沒有可能再近）而又處於「宜居帶」（habitable zone）的**地外行星**（exoplanet）。（在二〇二〇和二〇

二二年，科學家先後再發現兩顆環繞著毗鄰星運行的行星，但它們都不在宜居帶之內。）

那麼它的表面有可能孕育著生命嗎？對此科學家並不太樂觀，因為（一）由於它離母星太近，極有可能因「引力潮汐效應」（tidal effect）而永遠有一面向著母星，而另一面則永遠背對著母星，以至表面環境各趨極端；並且（二）它表面所感受的從母星噴射而來的的高能粒子流（在太陽系的我們稱為「太陽風」），會較地球上感受到的大上近兩千倍，從而大大妨礙複雜有機大分子的形成和演化。

但無論之上有沒有生命存在，有一點我們可以肯定，就是這顆行星的軌道是穩定的，因為對於它而言，南門二A、B是如此的遙遠，它便跟環繞著一顆孤單的毗鄰星運行沒有分別。

結論是甚麼呢？就是《三體》中描述的「恆紀元」和「亂紀元」是不會出現的。而這便是我「難以置信啼笑皆非兼而有之」的原因。

那不過是小說的杜撰罷了，我們又何必斤斤計較呢？你可能會說。在一方面，我可以採取寬容的態度認同這種說法，可是另一方面，我卻想指出，我們「科幻發燒友」其實是富於科學精神的人，所以不能隨便「以非作是、以

是作非」。以「三體問題」來引發出一個科幻故事是甚為值得讚賞的，是以我有時不禁幻想，如果劉慈欣的故事所選取的是一個不知名的恆星系統，小說便會更加完美……。

~~~~~~~~~~~~~~~~~~~~~~~~~~~~~~~~~~~~~

被遺棄的 99.9%

《Wall-E》背後的道德震撼

高舉環保等於放棄宇宙？

　　二〇一一年七月廿二日，筆者懷著興奮的心情前往香港灣仔會議展覽中心，為的是聆聽我最新的科幻偶像劉慈欣所主講的一場「名作家講座」。劉氏（內地的讀者都暱稱他為「大劉」）是現今公認的頂尖中文科幻作家，他的《三體》三部曲被公認為中文科幻迄今的巔蜂之作。（作為香港科幻會的會長，我曾被邀為《三體》的臺灣版寫了強力的封面推薦。）不用說，我對這個講座頗有期望。

　　最後我有沒有失望？答案十分奇怪，我可說既有「失望」亦「沒有失望」。為甚麼這樣說呢？且聽我道來。

　　首先說如何「沒有失望」。大劉的講座名為「從科幻的角度看現實」，這本身就是一個很有意思的題目。在講座中，他進一步把這個題目分為「從科幻的角度看經濟與環境」和「從科幻的角度看政治與社會」這兩個子題目。敢於以如此宏觀的角度進行論述，充分反映了劉氏的思想

層次和大師風範。

第二個子題目引起了不少在座學生的尖銳提問，其中一些（例如關於「技術主義」、「社會達爾文主義」和「康德的道德律令」等提問）更是深得我心。但本文要探討的，是劉氏有關第一個子題目的論說，有關第二個子題目的討論唯有留待另一篇文章。

透過一張電腦投影片，劉氏就這個題目提出了頗為獨特的一個見解。他不無慨嘆地指出：人類已經「**放棄了太空，而把未來寄託於環保**」，並且明顯透露出他對這種短視的發展趨勢大不以為然。

看似簡單的一句，卻為我帶來了很大的震撼，也帶來不少感慨。要解釋我的這種反應，我必須略為回顧一下我在這方面的心路歷程。

筆者自幼便愛上天文和觀星，亦很快成為了一名太空探險的熱烈支持者（英文的所謂 space enthusiast）。小學六年級，我在一位好同學的家中首次看到配了粵語的《星空奇遇記》這套電視劇集（臺譯：《星艦迷航記》），自此即成為了一個終生不渝的「星空奇遇迷」（Trekkie 是也）。

很快地，我不但看電視，也大看科幻小說。對我影響最深的一位作家是西方科幻大師克拉克。他的科幻著作固

然令我看得如痴如醉，但他有關太空探險的著作則更令為我激動和嚮往。（劉慈欣的講座翌日，香港科幻會接待大劉時我從他口中得悉，對他影響最深的科幻作家亦正是克拉克。）

一九七二年我升上中學五年級，班主任兼英文老師是位新來的外籍女士 Mrs. Bee。不久，她在作文堂上「出了」道「自由題」，亦即任由我們各自挑選寫作的題目。我於是選了一個我最關心的題目：「Is The Money Spent On Space Wasted？」文中挪用了不少克拉克以及其他西方作家（包括 H．G．威爾斯）的觀點，大力論證（當然是以一個中學五年級學生的水平來說）太空探險會為人類帶來的好處，並駁斥當時仍然頗為流行的「太空探險是浩大的資源浪費」這種觀點。我的一個「雄辯性」的論點是：「哥倫布啟程向大西洋進發時，歐洲仍然充滿紛亂並有很多有意義的事情值得去做。但如果我們總要把這些事情做完才進行探索的話，那麼我們今天所認識的美國便可能從來不會出現。」（全文已收錄在拙著《Rambling Through the Universe》之中。）

一九七三至七五年，我在皇仁書院唸中六、中七。我清楚記得，曾與當時天文學會的一班同學約定，如果將於

一九七六年降落的「維京號」太空船在火星上找到生命的話，我們將會重聚一起並開香檳慶祝。一九七五年夏天（即進入大學前的那個暑假），我們與另一間同樣以天文學會出名的友校伊利沙伯中學合作，舉辦了一個聯校天文研討班，題目便是「地外文明的探索」。我當時撰寫的一大疊講義還保留至今。

大學畢業不久，我進入了當時仍在籌備階段的香港太空館工作。一九七九年四月，太空館與香港業餘天文學會在大會堂低座的展覽廳合辦一個公開天文展覽，而由我建議並且負責的一個主題正是「外太空生命的探索」。我不但製作了多塊展板以介紹甚麼是「第一類接觸」、「第二類接觸」、「第三類接觸」以及科學家於一九七四年透過**阿雷西博射電望遠鏡**（Arecibo radio telescope，多年後曾於科幻電影《接觸未來》〔*Contact*, 1997；港譯：《超時空接觸》〕中亮相）向**武仙座 M13 球狀星團**發射的訊號，還特地製作了一套幻燈片以更深入介紹這個題目。其中播放的圖片都是由我精心挑選，而中、英文旁白不用說乃由我所執筆。（英文的旁白已輯錄於拙著《Rambling Through the Universe》之中。）

一九七九年尾，太空館舉辦了一個公開的天文普及

講座系列，我選取的主講題目是「太空殖民新天地」，並在其中介紹了普林斯頓物理學家傑瑞德·奧尼爾（Gerald O'Neill, 1927-1992）所提出的「太空城市」概念，以及由喬治·斯汀（G. Harry Stine, 1928-1997）等人所倡議的「太空工業化」（space industrialization）的主張。

一九八四年，我再於太空館主講了一個名叫「星際航行的事實與臆測」的公開講座（雖然那已是作為嘉賓身份，因為其時我已離開了太空館而轉到香港的氣象局〔稱「皇家香港天文台」〕工作）。及後，我把有關材料整理並於《華僑日報》每月一期的「天文版」連載發表，一九九二年初，更把文稿整理交由商務印書館出版，書名為《夜空的呼喚——星際通航》，我敢大膽地說，這是迄今為止最全面和深入地探討「星際航行」（interstellar travel 而不是interplanetary travel）的可行性的中文著作。（二〇一八年的增訂新版改稱為《論盡星航》。）

在書中近結尾的一節「星際航行的經濟學」之中，我是這樣寫的：「任何事物都有它的經濟學，那就是：以這樣的成本，得回這樣的報酬，是否值得去做？……世界經濟的一個基本事實是，在這數百年來，就算把通貨膨脹計算在內，世界各國的經濟都有實質的增長。也就是說，人類的富裕程度正不斷增加。一般來說，增長的幅率在 2~5% 之

間。不要小覷這個看似不大的增幅，由於增長以複式進行，就是選取偏低的 2% 這個增長率，國民生產總值的倍增期也僅為三十五年——亦即一百年內增加七倍多，二百年內增加超過一百倍！

「當然，不少經濟學者都會指出，如此的複式增長不可能長期持續下去。由於地球上各種資源的耗盡、工業的污染、環境的破壞等限制，為了避免整個生態系統的崩潰，經濟增長必須放緩，最後達到零度的增長，亦即停頓下來。」

「上述的推論完全正確——如果我們只是著眼地球的話。一旦我們放眼地球以外的無盡宇宙空間，情況卻完全改觀。太陽系內的資源——無盡的能源、寬敞至極的空間、異常的高溫和低溫、極其豐富的物質資源、真空和失重的環境等等，可以提供比現時高出千百倍的經濟增長。問題是我們是否願意接受這項挑戰罷了。

……說到底，以現代的經濟學觀點來看星際探險這樣偉大的事業，就有如以古代農業社會的觀點來看今天的國際民航事業。姑毋論成本如何計算，國際民航的報酬是整個世界，而星際航行的報酬將是整個宇宙。」

上述的文字執筆轉眼二十年，我的觀點至今未有改變。

（本文寫於二〇一二年初）

遠水救不得近火

一九九七至九八年間，我雖身在澳洲雪梨，卻在一本香港雜誌每星期發表一篇「科幻小小說」。一九九九年，這些故事得以結集出版，書名是《無限春光在太空》。不用說，故事的背景不少都跟太空有關。（這書的新版是《泰拉文明消失之謎》。）

我為甚麼要如此詳盡地交代我過去二、三十年的個人歷史呢？我的目的，是說明我是一個如何熱衷於太空探險的人。一九八〇年《星空奇遇記》的大電影（*Star Trek: The Motion Picture*；臺譯：《星艦迷航記》）上映，我在影院裡目睹闊別多年的「冒險號」（Enterprise，這是當年香港電視台的譯名；今天的人大多稱為「企業號」）在「太空船塢」的雄姿時，我這個 Trekkie 禁不著熱淚盈眶……。

我之所要作出這樣的說明，是因為我認為劉慈欣的慨嘆包含著十分誤導的成分，而在面對極其嚴峻的環境災劫當前，這有可能令到年輕一輩對形勢作出完全錯誤的判斷，從而令問題更加難以解決。

二十多年前，筆者其實也經歷了「大劉」這個階段。我於一九九一年動筆而於一九九二年完成的英文短篇科幻小說〈Prometheus Unbound〉之中，便已假設在一場全球性的環境浩劫之後，世界轉由一個名叫「蓋亞議會」（Gaia Council）的最高權力組織所統治。這個組織禁止一切科學的研究，亦禁止人類對太空的探索，情景與「大劉」所說的「放棄了太空，而把未來寄託於環保」有九成相似。這個故事後來被譯成中文（就叫〈解放了的普羅米修斯〉）並於一九九二年在臺灣的《幻象》雜誌發表。及後則先後收錄於我的《挑戰時空》和《泰拉文明消失之謎》這兩本著作之內。

　　且看我當年（透過了故事中的主人翁）是怎麼說的：「人類當前最缺乏的，正是你方才所說的那種進取精神。我們如今的這種極端內向的心態，完全是現政權所鼓吹，甚至強迫人們去接受的。正當人類開始掌握了馳騁於星際空間的能力之時，我們卻放棄了整個宇宙！」

　　這是何等的雄辯滔滔！但二十年來，我的看法已經有了很大的改變。為甚麼？正如凱因斯（John Maynard Keynes, 1883-1946）被問到他為何改變了初衷時所說：「當事實改變了，我自然就改變我的看法。那麼你呢？」

在一方面，就科幻創作的層面來說，我認為〈解放了的普羅米修斯〉裡的假設仍是一個很不錯的科幻設定，而且長遠來說仍然可能出現。但另一方面，現實中的事態發展——特別是全球暖化的衝擊——已經遠遠超乎我們（包括全世界的科學家和環保份子）的想像。可以這麼說，即使全人類今天即能排除萬難、同心戮力地去對抗這個問題，我們也無法完全防止災難的陸續發生（因為自然界存在著巨大的「延滯」效應），而只是能夠阻止最嚴重的災難出現。當然，如果我們甚麼也不做，這些毀滅性的災難將會接踵而來，致令上世紀的兩次世界大戰成為「小巫見大巫」。

　　作為一個族類，人類滅亡的可能性我認為十分之低。但巨大的人道災難（包括戰爭）將會奪去無數人的寶貴生命，而劫後餘生的人，將會生活在一個文明大幅倒退甚至社會秩序崩潰的、弱肉強食的野蠻世界。好萊塢於七〇年代末推出的電影《瘋狂麥斯》（*Mad Max*；在港上映時稱《公路戰士》）及其續集，在不少人眼中可能只是一些俗文化的娛樂產品，但我們若認真地考察一下現今世界的發展趨勢，當會看出三十多年前的預言在今天是如何的更富警世意義：我們真的敢說電影中的情節不會出現嗎？

當然，比電影更早的預言是約翰・賓納於一九六八年所發表的巨部頭環境災難小說《站在尚吉巴》（*Stand On Zanzibar*）。它比「羅馬俱樂部」（Club of Rome）於一九七二年發表的經典論著《增長的極限》（*The Limits to Growth*）還要早四年。而在整整四十年後的今天，無論是小說家的前瞻性臆測還是學術理論模型的電腦演算，都正在一步一步的應驗。

　　危言聳聽嗎？要知人類是否真的大難臨頭，各位可以閱讀我最新的著作《喚醒 69 億隻青蛙——全球暖化內幕披露》。（二〇一九年的增訂新版稱為《生死時刻——對抗氣候災劫的關鍵十年》。）然而，由於這是一本寫給年輕人看的書籍，我在書中已盡量把我的悲觀結論淡化，以免年輕人掉進消極的泥坑裡。（這本書雖然也有觸及其他環境問題，但主要還是集中於全球暖化威脅，要更全面地了解人類對環境的破壞，筆者極力推薦大家閱讀詹姆斯・史派斯〔James Gustave Speth, 1942-〕所寫的《The Bridge at the Edge of the World》〔2008〕，以及由萊斯特・布朗〔Lester R. Brown, 1934-〕所寫的《World On the Edge》〔2011〕。）

　　那麼這是否表示我不再支持太空探險呢？當然不是！

相反，在上述這種情況底下，太空探險更有其迫切性。

　　但請不要誤會，這種迫切性絕非「開發太陽系以解決當前的問題」，而是當最差的情況出現而文明全面崩潰時，我們若是已經建成了可以自給自足的太空城市、月球基地或是火星基地等，那至少可以為人類保存一點現代文明的「血脈」……。

　　大劉在講座裡提到：太陽系內擁有十萬個地球的資源（這應當來自某些科學家的推算），我絕不懷疑這個說法。問題是「遠水救不得近火」這個簡單的道理。試想想，在美國太空穿梭機計劃剛剛劃上句號的今天，「開發太陽系」這個充滿雄心壯志的號召如何能夠幫助我們解決當前的問題呢？只要我們再想想：要把一公噸的負載送上太空會製造多少公噸二氧化碳，我們便會更明白這個號召是如何的脫離現實。

環境問題猶如溫水煮蛙

　　事實上，我於八〇年代開始關注環境生態的破壞時，

造夢也沒有想到事情會發展得這麼快：比起二十世紀初，全球高山冰雪至今已經消失了一半，而北極海冰的面積更是縮減了接近三分之二！海洋的升溫和酸化已令全球三分之一的珊瑚區死亡、西伯利亞的廣闊凍土區域已開始出現融化並釋出較二氧化碳還危險百倍的甲烷氣體……。此外，愈來愈反常的澇、旱和暴烈的天氣已經成為了日常新聞報導的一部分：駭人的持續高溫天氣一浪接一浪，二〇〇三年的歐洲熱浪奪去了近七萬人的性命；而俄羅斯的科學家則宣稱，二〇一〇夏天的熱浪（最高溫達攝氏四十四度，而莫斯科也達三十九度），乃俄羅斯「一千年來所未見」。不用說，這些「持續高溫天氣」在我國亦正不斷肆虐和惡化，並對人民的健康和經濟生產帶來嚴重的影響。（以上是二〇一一年執筆時的情況，至今的情況當然是變本加厲……）

那麼我們還有多少時間以力挽狂瀾？科學家的研究顯示，我們絕不能讓大氣中的二氧化碳濃度超過百萬分之四百五十（450ppm），因為一旦超過此數，大自然裡不少**「正反饋循環」**（positive feedback loops）將會發揮作用（如凍土全面融化釋出巨量甲烷），令情況一發不可收拾（英語中的所謂「reaching the point of no return」）。由

於今天的這個濃度已達 390ppm，而濃度正以每年約 3ppm 的速率增加，也就是說，我們最多只有二十年的時間力挽狂瀾於既倒──亦即將我們的經濟全面「**去碳化**」（de-carbonization of the economy）。（二○二三年的濃度已經超過 420 ppm。）

但事實上，我們絕對沒有二十年時間這麼多！這是因為嚴格來說，上述的「450ppm 警界線」所涵蓋的不單是二氧化碳濃度，而是包括了其他溫室氣體如甲烷（methane）和氧化亞氮（nitrousoxide）等的「二氧化碳當量」濃度（CO2-equivalent concentration），而按照一些計算，這個濃度已經十分接近 440ppm 這個數值。

在另一方面，愈來愈多的科學家開始對 450ppm 這個經由「二○○九年哥本哈根氣候會議」所確認的「警界線」提出質疑。這是因為更深入的研究顯示，450ppm 這個水平實在太危險了。真正安全的水平應是 350ppm 左右，亦即較今天的水平還要低 40ppm ！（工業革命前期的水平約為 280ppm。）

既然已經超越了安全水平，為何世界仍未陷入大災難之中？你可能會問。答案有兩個：第一是災難其實已經在發生，只是氣候災變的展現形式不會像地震那樣明顯。這

種相對緩慢的漸進式和累積性變化最容易使人掉以輕心意志麻痺，也正是為甚麼「溫水煮青蛙」這個寓言是如此貼切的原因。至於第二個答案在上文經已提及，那便是自然界裡的「**延滯效應**」（time-lag effect）。在《喚醒69億隻青蛙》一書裡我用了不少例子來說明這個道理，其中一個是堤壩出現裂縫而最終導致崩潰。簡單的道理當然是：待堤壩開始崩潰時才作出補救還有用嗎？

的確，所謂「未見棺材不懂流淚」，災劫未出現之前叫人作出預防措施往往是一件極其困難的事情。二〇〇八年的全球金融海嘯如是，第二次世界大戰爆發的前夕也如是。筆者數年前觀看由 H · G · 威爾斯的晚年名著《The Shape of Things To Come》改編而成的電影《Things to Come》，令我印象最為深刻的不是片中對未來的描述，而是電影開首時數個劇中人在爭論一場歐洲大戰是否即將來臨。要知威氏的小說成書於一九三三年而電影完成於一九三六年，其時的西方人大都不信會出現一場席卷歐洲的戰爭，更不用說一場席卷全球的世界大戰。威爾斯不愧為獨具隻眼的科幻大師，因為在電影裡大戰果真爆發。至於往後情節如何，還是留待大家自己找小說或電影來觀看好了。

無獨有偶，在觀看這部電影的前後，我正在看錢鍾書所寫的短篇小說集《人、獸、鬼》，其中一個故事（名稱已忘了）講述一班好友在熱烈爭論日本是否真的會發動侵華戰爭（故事乃寫於日本侵華的前夕）。而令我印象深刻的是，錢氏以他令人折服的才情，透過了不同的角色人物道出了各種正、反兩面的觀點。令人感慨的是，那些不信戰爭會出現的觀點竟是如斯的情理兼備振振有詞⋯⋯。人類真的要見到一排一排的棺材才懂得流淚？真的要見到屍橫遍野才懂得逃命？

　　現在讓我們轉過來看看，人類在面對如此浩大的災劫時，是否可以「將未來寄託於太空」。

寓意令人震撼的《Wall-E》

　　在科幻小說中，當然有關於地球即將遭遇浩劫而要把一部分人送上太空以逃生的情節。其中較早的一本作品，是菲利普‧懷利（Philip Wylie, 1902-1971）與埃德溫‧巴爾默（Edwin Balmer, 1883-1959）於一九三三年合著的

《當世界開始毀滅》（*When Worlds Collide*）。這部作品於一九五一年被搬上銀幕，並且成為了早期科幻電影中的經典。至於較近年的，則有一九九八年上映的《彗星撞地球》（*Deep Impact*，在港上映時稱《末日救未來》）。在兩部電影中，都出現了「如何選擇拯救哪些人？」這個巨大的道德挑戰。

這便把我們帶到本文題目的下半部——迪士尼於二〇〇八年推出的動畫電影《Wall-E》（臺譯：《瓦力》；港譯：《太空奇兵·威E》）——之上。

在迪士尼／皮克斯（Disney／Pixar）所推出的眾多動畫電影之中，《Wall-E》無疑是最為獨特的一部。首先，它的前半部基本上沒有一句對白，因為電影中的主角是兩個機械人，根本無須依賴人類的語言溝通。人類在電影的後半部終於出現了，但身份近乎丑角兼配角。

電影最了不起的地方，是故事一開始便深深地吸引著觀眾，近一小時沒有對白卻令人看得津津有味。之後的歷險式情節亦不斷牽引著觀眾的情緒。其導演手法之高明以及動畫設計質素之高，都令這部電影贏得很高的讚譽。

但這和本文的主旨有甚麼關係呢？這便牽涉到電影故事的主題和背後的意念。為了照顧未有看過這部電影的朋

友，容許我很扼要地把劇情簡介一下：在數百年後的未來，地球的環境已因人類的肆意破壞而弄至寸草不生。在這個已經沒有人類居住的死寂荒涼的世界，便只有我們的主角——一個負責處理垃圾的機械人——仍然繼續按照人類給予的指令不眠不休地工作。某天，一個比它先進得多的機械人從天而降。原來這是多年前移居太空的人類所派來的，目的是為了判斷地球是否已經開始恢復生機，以令他們可以重返家園。最後，這個名叫「伊芙」（EVE，暗喻聖經中的夏娃）的先進機械人終於找到了一株翠綠的小草。在它（她）乘坐太空船返回太空向人類報告之時，我們的主角因為捨不得伊芙而爬上了太空船，最後被帶到人類棲身之處。

人類棲身（或說苟延殘喘）之處，原來是太空深處一艘碩大無朋的太空船。而船上居住的人，由於長年累月依賴高科技的照顧而養尊處優，個個都變成了手腳短小無力的癡肥怪物，而且都只是靠著無聊透頂的視聽娛樂度日。

看到這裡，任何年長一點的觀眾都會感受到故事背後的強烈諷刺意味：人類對物慾的無止境追求把地球環境弄垮了，苟延殘喘的人類卻仍然沉溺在物質的泥沼之中……。無怪乎不少評論者指出，這部電影是對人類的物質主義、

消費主義和肆意破壞環境（而最後自食其果）的強烈鞭撻，因此是一部遠為適合成人多於適合兒童觀看的電影。

筆者對這種看法絕無異議。但就我看來，故事背後的含義實在比這還要深刻得多。我更大膽地推斷，這個更深層的含義不單絕大部分觀眾沒有留意，就是創作這個故事的人（電影實乃由一本原創的兒童故事書改編），恐怕也沒有認真地想過。

我所說的是甚麼？在未正式回答之前，我想請大家嘗試回答以下的一連串問題：

1. 電影中的超級太空船雖然碩大無朋，但就畫面所見，這艘太空船（電影中稱為「Axiom」）最多能夠供給多少人居住呢？

2. 地球的生態環境全面崩潰以致弄到寸草不生無法住人之時，地球上的總人口共有多少？

3. 從上述兩條問題的答案可知，無論基於怎樣的假設，Axiom 上的人口只可能佔當時地球總人口的一個極小極小的比例。既然如此，那麼其他的人去了哪裡？

4. 在電影裡，Axiom 這艘「太空方舟」乃由一

間名叫「Buy n Large」的超級企業所營運。
請試想想，怎麼樣的人才有資格登上這艘太
空方舟呢？

5. 最後我們要問的是：將地球的生態環境大肆
破壞而招至浩劫的人當中，哪些人需要負上
主要的責任？是富人還是窮人？是富國還是
窮國？

我所說的「震撼」已經呼之欲出了罷！

「方舟」的子民皆是超級權貴

讓我們先回顧地球在今天的狀況。廿一世紀初肯定
是人類歷史上最富裕的時代。但按照世界銀行於二○○八
年發表的數據，全球每天只能靠不足兩美元生活的人口達
二十七億；而只能靠不足 1.25 美元生活的也達十四億之多！
（不要忘記的是，二十世紀初的全球人口也只是十六億左
右。）而按照世界衛生組織的數據，在第三世界國家，每

日因饑餓及有關的疾病而死亡的兒童達一萬六千人。亦即平均每五秒就有一個兒童因為營養不良致死。（以上是本文執筆時的數據，大家可以上網查找最新的數據。）

事實上，世界上最富有的 20% 的人佔有全球 80% 以上的財富，並且製造了超過三分之二的污染！其中最富有的一群，每人每月所賺的財富，往往較貧國中的人畢生所賺的還要多！不少富豪不但有自己的豪華車隊和遊輪，而且還擁有私人的飛機。他們的二氧化碳排放及因此導致的全球暖化，可較窮國中人的大上一千倍……。（最新一項研究顯示，全球最富有的 1% 的人所製造的二氧化碳排放，竟較全球處於底層的一半人口的總排放大上一倍有多！）

把這個殘酷和可恥的現實引伸至上述五條問題的答案之上，我們只能得出更為殘酷和可恥的結論。就第一條問題的答案而言，「太空方舟」裡的人無論只有五千或是高達五十萬，比起今天全球超逾八十億的人口也只是九牛一毛，更遑論聯合國預計於本世紀中葉會達至的九十二億，或是本世紀末可能達至的一百一十億。那麼其餘 99% 的人去了哪裡？不用說都已經在全球環境浩劫中喪生！

我在《喚醒 69 億隻青蛙》之中是這樣寫的：「對抗全球暖化不但牽涉「簡單」的博弈論分析（如公地悲劇和搭

便車等問題），還牽涉到複雜的歷史問題和公義問題。這正是「氣候公義」（climate justice）這個概念背後的深層含義。其中最尖銳的一個觀點是，按照科學家的推論，世界上一些最貧困、最落後的熱帶地區國家（特別是一些沿海國家或是島國），她們在氣候變化中所受的打擊將會最為嚴重，但她們所應負的歷史責任卻是最小。這不啻是人類史上最有違公義的一場悲劇。然而，《Wall-E》這部電影中所描述的，是較這場悲劇大上千萬倍的一場悲劇！

情況十分清楚，雖然電影中沒有詳細交代，但按照歷史常識推斷，《Wall-E》中所描述的地球浩劫，主要乃由富人所導致。而能夠登上「太空方舟」的，當然亦是這班超級權貴。

在電影裡，這些「方舟」的子民在太空中度過了數百年，最後終於得以重返家園，並在劫後重生的地球之上展開新的生活。表面看來這是個令人振奮甚至欣喜的結局。但我們有沒有想過，背後的戲碼其實是：一群富人害死了世上所有的人然後逃之夭夭，待浩劫過後則重回地球再度成為主子？這肯定是迪士尼製作的電影當中，主題意念最具顛覆性和震撼性的一部。

我不知道看過這部電影的人當中，有多少個感受到我

所感受的震撼。亞馬遜網站（www.amazon.com）中有關這部電影的評語有九百一十三段之多（二〇一一年八月二日瀏覽時計），我當然無法把它們全部看畢。但就我所看過的數十段之中，沒有一段提到我上述的觀點。

環境問題是一個道德問題

這便把我們帶回劉慈欣的「慨嘆」之上。

我在文首劈頭便說：「劉慈欣是我最新的科幻偶像」。臺灣貓頭鷹出版社找我為《三體》的繁體字版寫推薦語，我是這樣寫的：「這不單是中文科幻的巔峰之作，就是以西方科幻的最高標準來看也是巔峰之作。劉慈欣的超凡想像力和創作力使人瞠目，知識的廣度和思想的深度更令人讚嘆和折服。史詩式科幻是科幻創作中的最高境界，而這部作品則是史詩式科幻的極致。」我是言出由衷。

但請讓我鄭重重申，大劉所說的「**放棄了太空，而把未來寄託於環保**」，是把兩種不同層次、不同階段的東西錯誤地對立起來。由於大劉是如此有影響力的一位作家，

在面對極其嚴峻的環境災劫當前，這種觀點有可能令到年輕一輩對形勢作出完全錯誤的判斷，從而令問題更加難以解決。

我完全同意應該繼續向太空進發以保障人類長遠的生存機會，但刻不容緩坐言起行全情投入戮力同心以拯救環境力挽狂瀾，則是保障人類今天生存機會所必須！沒有了今天的生存，長遠的生存將會變得毫無意義。凡事都有其「主、次」、「先、後」、「輕、重」、「緩、急」。如果從資源投入的角度來說，在未來五十至一百年，阻止環境災劫的投入至少應該較開發太空的投入大上千百倍。

而「《Wall-E》的震撼」則從一個側面提醒我們，環境問題就是一個道德問題。解決環境威脅離不開社會公義和全球公義。近年來，愈來愈多的學者已經提出了類似的觀點。有興趣的朋友可以參閱喬納森‧尼爾（Jonathan Neale, 1949- ）所寫的《Stop Global Warming: Change the World》（2008），以及由保羅‧吉爾丁（Paul Gilding, 1959- ）所寫的《The Great Disruption: How the Climate Crisis Will Transform the Global Economy》（2011），以進一步了解有關的論點。

太陽系裡也許真的有十萬倍地球的資源。但如果我們

在未來數十年無法解決「環境」和「公義」這兩大問題，
文明的倒退甚至崩潰只會令我們更遲（例如在數百年的文
明復甦之後）而不是更早（例如在本世紀下半葉）才能開
發這些資源。也就是說，我會把大劉的命題顛倒過來：把
「未來寄託於太空」並促使人類的「太空文明新紀元」早
日來臨，必須今天便全力拯救環境，並把「環保」放到最
高的戰略位置！

~~~~~~~~~~~~~~~~~~~~~~~~~~~~~~~~

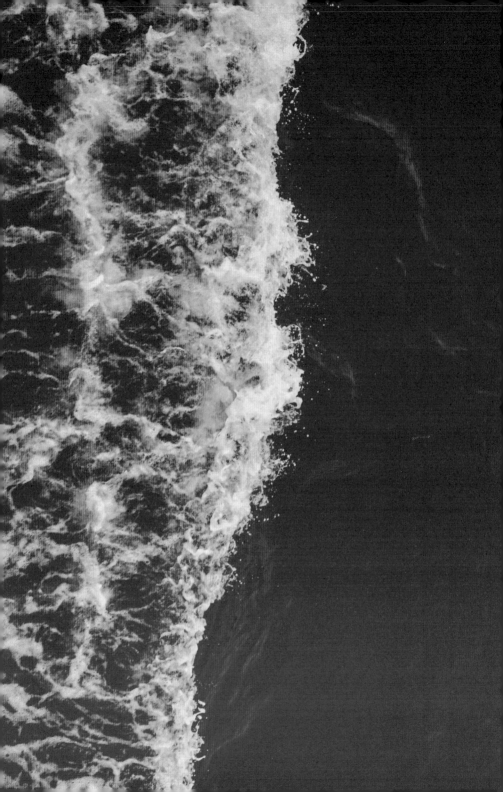

附錄

在另一個時空

我的中國夢

為了爭取一人一票普選香港特別行政區的首長（特首），一些香港市民於二〇一四年九月二十八日佔據了港島金鐘區的馬路，展開了為時達七十九日的「佔領行動／雨傘運動」。其間筆者曾多次前往佔領區（金鐘、銅鑼灣、旺角）作出支持，更先後被邀主持了五次街頭演說。此外，我亦寫了三封〈敬告全港同學書〉，除了在「臉書」刊載外，更多次前往佔領區將預先印製的信件派發給佔領者。以下收錄了信件內容，算是作為大時代中的一個小小見證。

第十二屆「人大」會議閉幕時，習近平提出了要努力實現中華民族復興的「中國夢」。他可能有所不知的是，香港已故歌星羅文便有一首歌叫「中國夢」，而且是歷年來香港「六·四」悼念晚會中，數以萬人常常一起高唱的歌曲。筆者多年來皆是悼念晚會的參與者，而每次唱到這首歌時，都會心情激動甚至淚盈於睫。

　　習近平的中國夢也是我的中國夢，但我的中國夢——我深信也是大部分國人的中國夢——卻大大超越了習近平的中國夢。為甚麼這樣說呢？且看我的中國夢包含著甚麼內容：

　　我的中國夢當然包括了人人得到溫飽和安居樂業，也包括了國家的富強以及中華文化的發展和弘揚，這些夢想與習近平的沒有甚麼兩樣。可是，我同時亦希望我們——包括了大陸、臺灣、香港和澳門的同胞，都能生活在一個民主、自由、開放、公平和正義的統一國度。

　　我希望我們有真正的結社、集會、遊行、示威的公民權利，以及組織工會和政黨的自由。

　　我希望我們擁有自由、開放和獨立的傳媒。

　　我希望每一個人都有公開議政和政治參與的權利，而一個中國人猛烈批評政府時會被看成為十分愛國，正如一

個美國人猛烈批評美國政府時會被看成十分愛國一樣。

我希望我們能夠貫徹三權分立制度，讓行政、立法和司法的系統互不干擾地獨立運作。

我希望中國人民能夠一人一票選舉他們的心儀的領導者，以及當領導者及其政黨表現不濟時，有權將他們撤換。

我希望我們能夠貫徹反壟斷法，以防大財團大企業隻手遮天並損害社會利益。

我希望我們能夠貫徹反貪污法，以防止官商勾結、損公肥私。

我希望我們的經濟發展不再以犧牲人民的健康甚至性命，以及資源的耗盡和環境生態的嚴重破壞為代價。更進一步說，我希望我們能夠盡快擺脫「出口主導」的發展模式，轉而以滿足廣大人民的生活需要為經濟基石。要知漢、唐盛世時的繁榮，都是建立在「內需」之上。要擴大內需，「限富扶貧」（最終的目標應是滅貧）是必由之路。

我希望我們能夠盡快在能源和糧食方面回到自給自足的狀況（而前者必須是沒有二氧化碳排放的清潔能源）。我們絕不應該走西方霸權主義的老路，依靠掠奪其他民族的資源以自肥。

最後，我希望掛在天安門城樓上（以及印在我國的

鈔票上）的，是孫中山先生的肖像而不是毛澤東的肖像、
「八九民運」時由北京美術學院所設計的民主女神像會再
次豎立在天安門廣場、而飄揚在廣場上的，是先烈陸皓東
先生所設計的國旗。

　　所有自稱愛國的人士，請告訴我：上述哪一點你是不
同意的？

敬告全港同學書

（一）戰略性撤退保護抗爭成果

——2014 年 10 月 2 日凌晨 1 時 13 分上載於 Dr. Eddy Lee Wai Choi 臉書

　　親愛的同學，無論你是飽受日曬雨淋的靜坐示威者、支援示威人士的義工、或只是在校內罷課甚至只是在心中默默支持示威同學的學生們，讓我這個年近花甲但心境與你們同樣年輕的成年人向你們致以最崇高的敬意。你們爭取民主的勇氣和決心，你們的堅毅、和平、克制和守望相助的精神，已經贏得了全世界的支持和讚賞。

　　但勝利在望的時候也是最危險的時候。此時此刻，我衷心希望你們認真地考慮戰略性撤退的可能性。除了保障

你們的人身安全之外，同樣重要的是保護來得不易的抗爭成果。

相信你們十分清楚，自催淚彈一役後，北京和特區政府已經作出了重大的策略調整，那便是故意放任佔領的活動蔓延，一方面是預備打一場以逸待勞的虛耗戰，另一方面則有待市民的不滿不斷升級以作為他們最終進行武力清場的藉口。期間，他們（包括「幫港出聲」之流）亦會以各種防不勝防的卑劣手法挑起事端。你們在「明」他們在「暗」，在你們體力和精神愈趨疲憊之時，他們總會有一次得手。如果這次運動好像八九民運那樣流血收場，大家辛苦得來的抗爭成果便會付諸流水。最後暗笑的只會是你們最想推翻的「689」。

此外，你們的抗爭目的是爭取公平合理的真普選，如今以「689」下台為談判條件是極為不智的戰略性偏離。下令施放催淚彈已經為全世界所唾罵，他的惡行會由社會輿論來制裁，你們現時應該集中的，是要求特區政府重新進行政改諮詢（以前的乃假諮詢是市民的廣泛共識），以真實地反映香港市民的意見。而在此之上，如果你們能於十月三日公眾假期完結（即恢復上班上學）之前有秩序地撤退，你們將會贏得全世界的掌聲和支持。當然，如果政府

食言，你們可於日後再次發動佔領行動。

或者你們說，佔領行動已有大量市民參與，即使學生撤退也無法叫這些市民跟隨。但不可不知的是，很多市民是為了支援學生守護學生而站出來的。如果你們全面撤退，市民的佔領也不會持久。

與強權抗爭不單要有勇，還必須有謀。有勇無謀只會成事不足敗事有餘，這是任何進行抗爭的人都必須有的常識。你們一些人可能已經作出了巨大犧牲的準備，但其他大部分人呢？你們的師弟師妹呢？

過去十多年我曾經到過近百間中學演講，題目由「科幻閱讀與欣賞」到「全球暖化危機」到「批判思維解碼」到「從宇宙觀到人生觀」到「一個需要英雄的年代」等，你可能也曾經在校內聽過我的講座，又或是讀過我寫的著作如《三分鐘宇宙》、《夜空之戀》、《格物致知》、《喚醒 69 隻青蛙》、《反轉經濟學》等。我衷心地希望大家保留實力以作持久的抗爭，我在另一份《敬告書》中，將會詳述我們必須抗爭的方向。我可以鄭重告訴大家，撤退絕不是抗爭的終結，甚至真普選在將來得以落實，也絕不是抗爭的終結。真正的抗爭才剛剛開始呢！

（二）抗爭是硬道理！

—— 2014 年 10 月 2 日晚上 8 時 38 分上載於 Dr. Eddy Lee Wai Choi 臉書

這次由學生帶領的黃絲帶運動規模上完全出人意表，令人既感動又鼓舞。但想到這畢竟是「雞蛋與高牆」的對抗，結果未可逆料，故終日為留守的示威人士憂心忡忡。

但無論結果如何，我希望所有同學（及至每一個香港人）都能夠清楚：這只是人民抗爭的第一步。而即使我們最後能夠為香港爭取得公平合理的真普選，這也只是抗爭的開始，而絕對不是終結！

為甚麼這樣說呢？這是因為面對著我們的，是一場更大的「全球公義運動」和「氣候公義運動」。前者是一個道德的問題；而後者除了道德之外，還是一個人類生死存亡的問題。時間已經極其緊迫，我們是一刻鐘也不能再浪費。

可能有人認為不應在這時跟學生說這些議題，因為它們太高深了，同學們是不會明白的。我絕對不同意這種看法。我多年來不斷前往學校演講和跟同學們交流，我對他們充滿信心。真正不明白的是利慾薰心自以為是的成年人世界。

事實是，過去數百年來，在西方殖民主義霸權主義的推動下，資本主義的全球化正在毀滅這個世界，如果我們不盡快奮起反抗力挽狂瀾，則我們所熟知的生存環境將會在我們眼前迅速崩潰、巨大的人道災難將接踵而至、社會秩序將很快分崩離析、而人類的歷史將會步入漫長的黑暗時期。

　　筆者在危言聳聽嗎？讓我們看看以下的事實：科學家告訴我們，自十九世紀中葉以來，人類不斷燃燒煤、石油和天然氣等「化石燃料」所釋放的二氧化碳，已經令地球大氣層中的二氧化碳含量增加了超過百分之四十，而透過了科學家早已警告的「溫室效應」作用，這已令地球的平均溫度上升了接近攝氏一度。進一步的研究顯示，今天的二氧化碳水平已經遠遠超出地球大氣層過去八十萬年來的最高數值；而溫度上升速率之高，更是史所未見。

　　攝氏一度有甚麼大不了呢？你可能會說。但我們現在說的不是日、夜之間的溫差，也不是季節性的溫差，而是全球全年的平均溫度。這個溫度取決於太陽的輻射和地球跟太陽的距離，所以應該是十分穩定的。

　　不要小看這區區攝氏一度的升溫，這已令全球的海平面（因海水受熱膨脹和陸地冰雪溶化）上升了超過二十厘

米（想想全球的海洋面積有多大），亦於過去數十年導致北極海冰的大幅消減（從而令地球吸熱更多）、格陵蘭冰蓋（厚達兩、三公里）的急速溶化、全球高山冰雪銳減、眾多生態系統備受擾亂和破壞（熱帶氣候向兩極伸延、低地生態向高山伸延）、瘟疫蟲害四起、風暴變得愈來愈猛烈（因大氣中的水汽多了）、特大的熱浪、山火、水災、旱災等極端天氣災害變得愈來愈頻繁和嚴重。（大家有經歷過這般酷熱的重陽節嗎？）而大量二氧化碳溶於海水，亦已令海洋的酸性增加，直接威脅到海洋物種的生存。

聯合國集合了數千個科學家組成的專家團隊於去年發表的最新報告指出，如果世界繼續沿著現時的方向發展，則如今出現的問題只會不斷惡化。至本世紀末，預計氣溫會較今天高出近五度！而海平面會再升高近一米！簡言之，地球將會變成一個不再適合人類居住的世界。

而所謂「氣候公義」，就是指大氣層中多出的二氧化碳大部分乃由西方富裕國家所排放進去，但它們現時卻不肯肩負起應有的責任，既不肯帶頭大力減排，也不肯向貧國作出資金補償讓它們應對氣候災劫。

這與我們今天的抗爭有甚麼關係呢？有！絕對有！因為單是民主制度本身不足以解決這個問題。請看看奧巴馬

在二〇〇八年競選時如何誓言旦旦要對抗全球暖化，但上任後卻差不多一事無成，便知在現今的資本主義制度下，富可敵國的大財團、大企業是如何能夠凌駕甚至脅持政治，從而將一切「去碳」（逐步以「可再生能源」來取化石燃料）的努力化解於無形。美國絕大部分的國會議員都已經被大石油商、大煤炭商暗中收買了，任何可能損害這些企業利益的法案也不可能在國會通過。奧巴馬這個總統雖然由普選產生，也完全改變不了這種情況。其他西方國家的領導人基本上也是一樣。（最可惡的是，這些大財團更透過了大量宣傳攻勢以顛倒是非混淆視聽，令普羅大眾對全球暖化危機產生懷疑！）

在商業競爭、利潤至上、股東利益最大化、股價要不斷上升、必須開拓無限商機、資本只能無限膨脹……等資本主義的硬邏輯之下，不但「去碳」沒希望，就是消滅貧窮和創造平等公義的社會這些理想也永遠無法實現。相反，在「新自由主義」、「新殖民主義」甚至「新帝國主義」的國際勞動分工秩序之下，第三世界的生態環境（包括全球碩果僅存的熱帶雨林）不斷受到摧毀、貧富懸殊變本加厲、各地的原住民飽受迫害最後痛失家園流離失所、「圈地」和「無產化」不斷製造大量的廉價勞動力流入城市成

為貧民、貿易自由化導致各國（包括富裕國家）中的人民大量失業、資源爭奪導致國族間劍拔弩張⋯⋯。我們近年常常聽見的甚麼「地緣政治的對抗」，很大程度上其實就是資本主義全球化之下的資源和市場爭奪的代名詞。

相比起不少第三世界國家，香港已算幸運。但我們亦飽受「地產霸權」和「金融霸權」之苦。權貴階層的驕奢淫逸厚顏無恥與基層市民所飽受的生活煎熬形成了強烈對比，而對社會公義的要求則被抹黑為「福利主義」和「民粹主義」。「富二代」、「富三代」佔踞著社會高位，年輕人向上流動的機會愈來愈少，工作壓力卻愈來愈大。無數青年的精力和聰明才智都被浪費在製造「虛擬財富」（大部分都是「雷曼迷債」的翻版）的金融產業或吸引我們進行更多消費的廣告業。中產不斷被蠶蝕並被迫成為終身的「樓奴」⋯⋯歸根究底，「社會公義」和「全球公義」、「氣候公義」的追求是分不開的，它們有著共同的敵人，那便是以「自由經濟」之名行「壟斷剝削」之實的權貴資本主義。

而最弔詭的是，自「改革開放」以來，中共已經隨「美帝」之後，成為了世界上擁護這種「權貴資本主義」的最大政體！中共現時所奉行的絕對不是社會主義而是「官僚資本主義」、「權貴資本主義」、「法西斯資本主義」！

它不是一個「左」的政權而是一個「極右」的政權。包括美帝在內的西方因為發展得較早,所以在國內有一定的人權、民主、法治傳統,這令香港人有所嚮往。但它在國際上推行的霸權主義卻往往不為我們所注意。

但到了今天,是我們醒覺的時候了!這次「佔中」運動令我們充分了解到甚麼是「基層團結」(solidarity)。讓我們選擇與第三世界的受壓迫人民站在一起,團結起來以對抗全世界的「權貴資本主義」,無論那是奉行「真專制」(主要在國內)的中共,還是奉行「假民主」(主要在國際間)的西方(看看警方如何暴力對付「佔領華爾街」的群眾,便可知即使美國國內的民主其實也是假的)。只有這樣,我們才能實現真正的社會公義和全球公義,並且能夠切實極速對抗全球暖化危機,力挽狂瀾於既倒,令人類文明逃離崩潰的厄運。

各位同學,真正的抗爭才剛剛開始呢!

(三)全球公民起義

我把第一封〈敬告全港同學書〉上載於「臉書」是十月二日零晨一時,第二封則是同一天的晚上八時。為了方

便大家重閱，我已把它們置於本信之後作為附件。

今天轉眼已是十月九日，期間我多次前往金鐘和銅鑼灣支持這次運動，並曾於七號晚在銅鑼灣的露天「民主教室」跟同學和市民大眾分享「從政治民主到經濟民主」這個講題，大家在足足一個小時的演說期間（大部人都站著，一小部分坐在馬路上）都非常專注，之後的討論亦很熱烈。在此衷心多謝各位同學發起這場公民運動，使我獲得這個畢生難忘的經歷。

我的心情十分矛盾，精神上我完全支持這次運動，但感情上我一直擔心你們的安危，也為你們連日來風餐露宿日曬雨淋感到憂戚和心痛。

對於你們終於能夠迫使特區政府與你們的代表進行對話，我認為是一個十分了不起的成就。但所謂「知已知彼、百戰百勝」，你們當然知道真正的對手不是特區政府而是北京政府。

過去大半個世紀的歷史告訴我們，這個政權從來不會容忍任何人挑戰它的權威，並對鎮壓異見者絕不手軟。不錯，香港現在奉行「一國兩制」，而這亦是今次運動得以展開的原因。不用多說，如果這次運動發生在內地，一早便會被暴力鎮壓而「扼殺於萌芽狀態」。

誠然，李飛的「一錘定音」是對「一國兩制」的嚴重破壞，它揭破了特區政府進行的「政改諮詢」完全是一場假諮詢。中央政府和特區政府皆失信於民。這些都是促使大家站出來的原因。但這始終是一場「雞蛋與高牆」的對抗，雙方的實力極其懸殊。對，民不聊生天怒人怨之時，「雞蛋」也有可能推翻「高牆」，就如法國大革命一樣。但香港此時遠未具備這樣的條件。

以下是我的一個學生（mentee）和我透過手機的對話：

10月8日下午3時：

筆者：「可以告知學生如今的心態和士氣嗎？當然也十分擔心他們的安全與健康……」

學生：「個個唔同，但大部分好灰。」

10月9日上午8時：

學生：「我覺得簡單來說：對外，要面對輿論戰、政府的悲情牌、黑勢力恐慌、無政府狀態；對內，我方內部訴求／立場不一致、欠缺領導者（無人能代表所有學生）、眾多老鼠屎（如黎先生）介入、民眾開始盲反……太多威脅和內患，令

是次運動進入膠著狀態，自己軍心散渙。」

筆者：「所以無論明天的談判結果如何，所有學生都
應該結束佔領行動復課，一方面保留實力以進
行未來的持久抗爭，一方面保留市民大眾的同
情與支持，以作為未來抗爭的資本！以退為進，
不是戲言！」

學生：「同意。」

　　我想我已無須多講。政府既已承諾進行「多番」和「公
開」的會談，將來它如何強詞奪理背信棄義都會暴露於人
民的眼前。你們的階段性任務已經完成，應該作出戰略性
的撤退。

　　請重讀我的第二封〈敬告書〉，便會知道我們是如何
的任重道遠。等待著大家的，是更大規模、更曠日持久的
「全球公民起義」！如果我們在這場起義中失敗（特別是
無法扭轉全球暖化的趨勢），則我們所有其他目標都會成
為泡影。

　　讓我再次鄭重重申：真正的抗爭才剛剛開始！

中國再出發、世界再出發
——中國第一任民選總統就職演詞

　　各位同胞，首先多謝你們選了我作為中國的第一任民選總統。這次選舉的意義重大不用多說，說中國的「新紀元」從今天開始，可謂絕不為過。

　　對於沒有投票給我的同胞，我承諾仍然會盡心為你們服務。你們的聲音我都聽到了，並且會作為我施政時的參考。我懇切希望，即使彼此的政見有所不同，大家仍然能夠團結一致，為國家的建設共同努力。

　　我要感謝臺灣的人民，他們的勇氣和毅力，令中國人自我管治的地方，於一九九六年首次實現了最高領導人的直接選舉，並於二○○○年實現了政黨輪替的歷史里程碑。他們為全體中國人作出了很好的示範，並且打破了「中國

人不配享有民主」的自貶謊言。

我也要感謝香港的市民，無論在「雨傘運動」還是「反修例運動」，他們是極少數在中共統治下，而仍然敢於為爭取自由和民主而作出大規模抗爭的中國人。這些英勇行為引發的國際連鎖反應，令全世界認清中共的真面目，加速了這個政權的滅亡。

然而，過百年來的各國經驗告訴我們，即使過往的專制不再，如果只有形式上的選舉制度而缺乏牢固的憲政民主體制，包括互相制衡的三權分立制度和獨立傳媒的「第四權」，以及強大和活躍的公民社會，民主隨時會出現倒退甚至被操控。不要忘記，希特拉和普京都是由人民選出來的。

也就是說，我們今天只是剛剛起步。要保護這個來得不易的成果，我們必須努力不懈，既在制度上也在教育上、文化上繼續建設和發揚民主。在此我必須強調，民主絕不是一個「完成了的產物」，而我們只要將它從某處移植過來即可。相反，民主是一個「永不完結的實驗」，它的具體內容必須隨著社會變遷（例如互聯網和人工智能的興起）而不斷改良和更新。對於有志建設新中國的年輕人，我希望你們在專業的貢獻以外，也肩負起「民主捍衛者」和「民

主探索者」的重任。

　　所謂繼往開來，中國的民主建設當然並不始自今天。孫中山先生推翻帝制之後，曾於一九一二年頒布了《中華民國臨時約法》，實際上便是中國的第一部憲法。如果當時能貫徹執行這部憲法，中國早百多年前便已踏上了民主的康莊大道。一九一九年，陳獨秀提出必須把「德先生」和「賽先生」迎接到中國，並使它們生根茁長。他的主張亦廣受國人所認同。

　　可惜事與願違，因為袁世凱的復辟、軍閥的割據、日本的侵略、內戰等，民主體制在中國舉步維艱。中共奪權後，在一九五四年頒布了《中華人民共和國憲法》，但之後的政治運動如鳴放反右和文化大革命等，令憲法形同虛設。改革開放之後，中國政府雖然於一九九八年簽署了聯合國的《公民權利和政治權利國際公約》，但一直是只說不做而未有落實。

　　民主不但在現實中沒有出現，即使在理論上，隨著習近平公開提出中國不會搞三權分立制度，中國的民主發展正式劃上休止符。

　　一直以來，為專制主義辯護的人都會強調，西方式的民主制度問題叢生，並不適合中國的國情。但正如我於上

文所言，世上沒有完美的終極民主制度，世界各國必須按自己的國情摸索前進，例如美國的民主制度便與前宗主國的英國並不相同。因為「國情不同」而抗拒民主，只是專制主義的託詞。

第二次世界大戰時，奉行民主制度的美國打敗了奉行納粹主義的德國和軍國主義的日本。兩個戰敗國事後都貫徹執行民主制度，也很快地強盛起來。特別要提到的是日本和韓國，因為這兩個國家都深受中國文化的影響，但民主制度沒有因此而「水土不服」，兩國的民主制度至今都行之有效。

事實上，民主和人權、法治等觀念雖然源於西方，卻不表示它們只適用於西方。這便正如中國儒家的「仁義」和「己達達人」已不獨限於中國、印度佛教的「慈悲」和「放下執著」已不獨限於印度，而是經已成為了全人類的共同精神財產的一部分。把民主標籤為「西方式民主」、把人權標籤為「西方式人權」等而予以拒斥，只是專制主義的藉口罷了。

邱吉爾的名句是：「如果不是我們以往試過的種種制度（隱喻是「種種不濟的制度」），民主便是世上最糟糕的東西。」即使過了百多年，這仍是至理名言。而我們要

做的，是盡量令民主「沒有那麼糟糕」。

　　然而，上述高舉「德先生」和「賽先生」的一九一九年，也正是五四運動下的「新文化運動」的開端。這個運動的主旨之一，是鼓吹中國必須擁抱西方的先進文化，同時摒棄中國落伍的傳統文化。及後，中國知識界亦有延續近半個世紀的「中、西文化論戰」。在這個「中國新時代」的開端，我想借此和大家分享一下我對這個問題的看法。

　　首先，西方文明的挑戰是全球性的，就拿埃及、土耳其、伊朗、印度和日本這幾個具有深厚文化背景的國家為例，它們也同樣面對著「埃、西文化論戰」、「土、西文化論戰」、「伊、西文化論戰」、「印、西文化論戰」和「日、西文化論戰」。忽略了這個事實來談「中、西文化論戰」是井蛙之見。真正的問題是，在追求現代化的道路上，一個國家的傳統文化應該如何自處及發揮甚麼作用。

　　在這個問題上，我們確實很易各走極端。五四運動時幾乎全盤否定中國的固有文化是一個極端；認為西方只有「淫技奇巧」而沒有一樣精神上的東西值得我們學習是另一個極端。簡單而言，我們是在自卑和自大之間不斷徘徊。

　　答案是甚麼？說出來很簡單，正如每個人一樣，每一個文化都有它的優點和缺點，而我們必須做的，是發揚優

點和克服缺點。不錯，過去數百年來，西方文明借著堅船利炮成為了全球的支配性文明，但憑著開敞的心智和批判的精神，我們應可超越它的征服者根源，努力吸收這個文明的優點和揚棄它的缺點，然後將自身傳統文化中優秀的部分與西方文化中優秀的部分結合起來。這是每一個非西方民族都共同面對的課題。

我方才謂「說出來很簡單」，要實行起來當然絕不簡單。有人可能會說：中國以儒家思想為基礎的傳統文化與現代社會的核心價值格格不入，所以要實現現代化，必須摒棄傳統。我對此不敢苟同。余英時先生曾經寫過一篇名為《從價值系統看中國文化的現代意義》的文章，對這個問題作出了十分全面和深入的分析，結論是儒家文化與現代價值完全可以相容。我極力建議大家把這篇文章找來一讀。

我們必須清楚：自卑和自大都是不健康的心態，但謙卑和自信卻是應該有的態度。中國的唐朝是文化上最開放和包容的，但中國文化卻因此壯大了而非衰弱了。處於二十一世紀的中國人，應該以此自勉。

有些人可能已經在問，我說了這麼久，為甚麼還沒有談到大部分人都最關心的經濟和民生問題？我自有我的理

由。

　　我是中國第一任民選總統，民主制度在中國的發展自是我最為關注的題目之一。一般人看到「民主」二字，立即想到的是政治上的民主，而政治的主旨，是「足以支配別人的權力」應該如何分配、繼承和制衡。「權力使人腐朽，絕對的權力使人絕對地腐朽」是大家都熟悉的一句話。但大家有沒有想過，在現代文明中，權力可以分為「政治權力」和「經濟權力」兩大方面？在「普天之下莫非王土」的古代，兩者即使不等同也有很大的重疊。但在今天，兩者雖然仍有所重疊，卻往往各自獨立。也就是說，處理政治權力問題我們要發展「政治民主」，處理經濟權力我們也必須發展「經濟民主」。在發展我國的經濟和促進民生時，這是一個核心的問題。

　　過去百多年來，科學技術的突飛猛進和資本主義制度為人類帶來了空前的經濟繁榮，但「經濟民主」的不張，亦至少導致以下的問題：

> 　壹、儘管人類的財富呈指數式增長，但大部分人
> 　　　仍然要每天營營役役以確保基本的生計，而
> 　　　消滅貧窮的目標仍然遙遙無期；

貳、愈來愈巨額的財富被集中到極少數人的手中，貧富懸殊加劇帶來了民眾人不滿甚至社會不穩；

參、巨富對政治民主的蠶食日益嚴重，政府的政策日益只向大財團大企業負責而不是向廣大人民負責；

肆、由於巨富自我膨脹的特性（即「資本逐利」的「天性」），人類對自然環境的破壞無法得到有效的遏止。

相反，無論是生態系統的破壞還是全球暖化導致的氣候危機，皆已達至近乎失控的地步。一個最關鍵的指標，是大氣層中二氧化碳的濃度。今天這個濃度已經遠遠超越地球過去一千萬年以來的最高水平。上次二氧化碳處於這個水平時，全球的海平面較今天的高出數十米。

近年來，無論在世界範圍還是在我國的境內，愈趨頻密和極端的災害性天氣已經嚴重影響民生，它們包括殺人的熱浪、持續的山林大火、特大的洪災、旱災、雪災和極具破壞性的超級風暴。海平面的不斷上升則威脅著沿海城市數以億計的居民。如果我們無法在短期內改變我們的經

濟發展模式，隨著天災引發的糧食短缺和淡水資源短缺相繼出現，氣候難民會不斷湧現，氣候戰爭也並非沒有可能。這樣下去，人類的前途是非常黯淡的。

無數學者的研究顯示，要阻止環境崩潰引致的文明崩潰，我們需要的不是迄今自欺欺人的「可持續發展」口號，而是切實的「零增長繁榮」。這個目標並非癡人說夢。請試想想，我們每個人出生後身體會不斷成長。但當我們進入成人階段，這種生長會停止：我們的身高和體重不再增加、我們的大腦容量也不會再增長。但這不表示我們的閱歷、知識和智慧不可以繼續增長。也就是說，「量的增長」會被「質的增長」取代。在宏觀的層面，由於人類的的經濟發展已經在多方面碰到甚至超越地球的物理極限，我們亦必須盡快以質的增長取代量的增長。不要忘記，在人體裡，無節制地增長的細胞我們稱為癌細胞。

在現今的經濟制度下，要達至「零增長繁榮」是不可能的。經濟增長是資本主義制度持續運作的大前提。無可避免的結論是，要阻止文明崩潰，我們必須盡快超越資本主義，建立能夠實現「零增長繁榮」的「經濟民主」。

你們可能不禁問：這兒說的「經濟民主」不就是「社會主義」嗎？我的答案是既對亦不對。之所以對是因為背

後的精神確有很大的共通之處，之所以不對，是因為「民主」是「經濟民主」思想的核心，而過去百多年的社會主義實驗之所以失敗，正是欠缺了這個核心元素。

讓我嘗試總結一下：自有人類歷史以來，人對人的壓迫可以分為「政治壓迫」和「經濟壓迫」，「政治民主」令人類從前者解放出來；同理，我們必須努力建設「經濟民主」，才可以令人類從後者解放出來。從另一個角度看，沒有「經濟民主」的民主制度是具有嚴重缺陷的民主，這正是有人稱它為「假民主」的原因。要完成人類偉大的民主事業，「經濟民主」的建立是至關重要的一步。

大家都可能注意到，我迄今的論述皆以「人類」而非「中國人」為主體。這是因為，在這個全球高度連繫的時代，特別在不分國界的氣候危機之下，沒有一個國家和民族可以獨善其身。無論我們願意或不願意，我們先是一個地球人，然後才是一個中國人。

但另一方面，地球上每五、六個人之中便有一個是中國人。中國的發展方向對人類的前途確實起著舉足輕重的作用。為此，我們必須作出正確以及符合人類整體福祉的抉擇。我今天早上已經去信聯合國及 G20 的領袖，提出我在競選綱領中提出過的建議。這些建議，會作為附錄放於

這篇演詞的網上文本之後，大家遲些可以在網上細看。

顯然，要令世界各國——特別是 G20 的成員國——支持上述的建議絕非易事。但正如美國總統甘迺迪談到登陸月球的計劃時說：「我們選擇這樣做不是因為它容易，而是因為它困難。」我會補充說，問題不在於我們「能否做得到」，而是我們「能否不去做」？因為毋庸置疑的是：「一切如舊」等於集體自殺。所以我希望，我向世界提出這些建議時，有你們做我的最強後盾。

或者有人說，所謂「修身、齊家、治國、平天下」，我們是否應該做好中國的事情，才去處理世界的事情呢？於此我想引述我國學者韓毓海的一句話：「中國之改造必須與世界之改造並進才可真正成功。不改造世界，中國的復興也沒有希望。」我完全同意這個觀點，並且會補充：「世界之改造必須與中國之改造並進才可真正成功。不改造中國，世界的復興也沒有希望。」兩者是相輔相承，缺一不可的。

無論是中國的改造還是世界的改造，最關鍵的概念是「非零和遊戲」的可能性。以人類現今的科技和生產水平，我們完全有能力開創一個「財富共創、繁榮共享」的「後稀缺時代」。只要適當地運用，地球的資源仍然足夠今天

地球上每一個人得到溫飽和體現自我。問題是我們有沒有這樣的決心和魄力吧了。「你贏我輸、你輸我贏」的「零和格局」是國族爭鬥的最大根源，打破這種格局，是達至世界永久和平的必要條件。

接著我想談談民族主義。如果民族主義中的「愛國」是指熱愛家鄉、熱愛同胞、熱愛祖國的山河大地、歷史、文化等等的自發性感情，這種民族主義是可取的。然而，如果它是一種盲目的、自大的、排他的，並且不斷強調「我們」與「他們」的對立的思想，那是十分有害的。中華民族的偉大復興，必須建立在對後者的拒斥，以及對其他民族、其他文化的尊重、包容和欣賞之上。狹隘的民族主義是一劑毒藥，納粹主義已經為可們提供了最好的反面教材。

稍為讀過世界史的人都知道，無論在物質文明和精神文明方面，中國都曾經站在世界前列。《馬可波羅遊記》所描述的中國，令無數歐洲人羨慕不已。十七、八世紀時，歐洲更出現過文化上的「中國熱」。的確，「人能弘道，非道弘人」以及「民為貴，社稷次之，君為輕」等思想，即使與任何偉大的文明比較起來，也屬難能可貴的「人本主義」和「民本主義」思想。但所謂不進則退，在西方的科學革命、啟蒙運動、民主運動和工業革命之前，我們在

很多方面確是停滯不前甚至倒退了。自明末以來，我們已經失去了太多時間、走了太多歪路。

我們落後的不但在器物和經濟的層面，更重要是在制度和精神的層面。即使辛亥革命名義上推翻了帝制，但百多年來，專制主義的幽靈始終徘徊神州大地，揮之不去。

可能大家都聽過一個說法：「有怎樣的國民，便有怎樣的政府。」我認為事情要分開來看。在擁有較完善的民主選舉制度的國家，這個說法大致是對的。但在極權專制的國家，人民根本沒有選擇的餘地，這樣說是對人民的傷口上撒鹽。蘇聯時代的俄國人民和中共統治下的中國人民都是很好的例子。

在中共的統治下，人性受到了極大的摧殘。延安時代的王實味還可以說是較孤立的例子，但經歷了一九五七年的「鳴放反右」和及後的「大躍進」運動，「假、大、空」成為了國民性格的特徵。文化大革命的「十年瘋狂」更加鼓吹互相告發、互相批鬥的卑劣行徑，好人被迫發瘋和自殺，壞人則扶搖直上。鄧小平的「改革開放」讓國民經濟獲得重大發展，卻也導致為了金錢而不擇手段甚至喪盡天良的惡行，無數的黑心食品如假酒、地溝油、毒奶粉……；草菅人命的豆腐渣工程、假疫苗，甚至人體器官的黑市場等，

既影響國民的健康和安全，更嚴重影響社會的道德良知。

歷年來，固然有人大聲疾呼要端正人心，但所謂「上樑不正下樑歪」、「上有好者，下有甚焉」，由於專制政權缺乏制衡，反貪反腐永遠反之不盡，國民見到統治階層如此巨大而持久的系統性貪腐，當然會出現「人不為己，天誅地滅」的極端自私心態。

大家可能知道魯迅先生對中國人的各種劣根性作出過尖銳的批評，也知道柏楊先生寫過一本叫《醜陋的中國人》的書。可悲的是，中共的統治將中國人的醜陋推向極致。直截地說，人心的敗壞是我國迄今面對的最嚴峻問題，而人心的重建是當務之急。

一個國家的國民質素固然是歷史的產物，但一味抱怨歷史而不思長進也是徒然的。中國人的一大劣根性是「各家自掃門前雪，休管他人瓦上霜」，以至孫中山慨嘆中國人是「一盆散沙」。但國父亦開宗明義告訴國民，「政治乃眾人之事」，是不可也不應迴避的。梁啟超的《論公德》一文指出中國人的道德觀念發達，卻是「偏於私德，而公德殆闕如」。我在此懇切呼籲，中國人要昂首站立於世界民族之林，便必須「公德」與「私德」並舉，不但要有高度的公民意識，更要主動關心社會事務，必要時作出積極

的政治參與。中華民族要全面復興，向專制和苟且的告別是第一步。

一些人以為有了選舉制度並且選出了合適的領導人，便可安枕無憂（起碼在下次選舉之前），並接著可以對社會和國家事務不聞不問。這種態度是不對的。美國《獨立宣言》起草人傑弗遜指出：「自由的代價是永恆的警戒。」這也同樣適用於民主制度的健全運作。

最後我想談談我國的少數民族政策和臺灣政策。在少數民族方面，以往的政府雖然有做得對的地方，卻也有不少做得不好之處。我身為漢族的一份子，謹在此衷心為漢族對你們曾經做成的種種傷害致歉。我承諾，新的民選政府在「自治聯邦」的原則下，會盡力保障你們的獨立自主和尊重你們的意見，也會竭力貫徹多元種族和多元文化的政策。但我亦想強調，在「中華聯邦」之下，我們是同舟共濟的一家人。正如我之前所說，我們先是一個地球人，然後才是一個中國人。同理，我們先是一個中國人，然後才是一個回人、藏人還是漢人。讓我們消除隔膜，一起建設一個昌盛和共融的新中國。

對於臺灣的同胞我想說，中國人民正在進行一場偉大的民主實驗，這場實驗既包括了「政治民主」，也包括了

「經濟民主」。你們對這場實驗的結果採取觀望的態度是完全可以理解的。你們願意甚麼時候加入「中華聯邦」，絕對是你們的抉擇。眾所周知，所謂「臺獨」是個偽命題，因為從國旗、國歌、政治制度、法律、治安、軍隊、邊防等，你們已跟一個獨立國家無異。國族的「大一統主義」已經過時了，我們現在追求的是人類的「大一統」。在這個目標下，我們並肩而行便可以了。

具體而言，我已經去信聯合國，正式建議讓臺灣以「中華民國」的名義重返聯合國。我期待在聯合國的會議上見到你們的代表，更期待你們積極參與世界的改造。

各位同胞，世界正處於十字路口，中國也正處於十字路口。二十一世紀將會見證著人類文明的衰落，還是一個新黃金時代的誕生？答案將會取決於我們今天的抉擇。我知道，這可能是歷史上最難以消化的一篇總統就職演詞。但非常時期需要有非常的回應，這是時代給予我的責任，我是責無旁貸。因為，面對生態崩潰導致的文明崩潰，時間真的已經無多了。

我懇切呼籲：讓我們並肩攜手，令中國再出發！令世界再出發！

謝謝各位！

超次元 · 聖戰 · 多重宇宙
科幻作品中的科學視野與人文思考

作者：李偉才（李逆熵）
責任編輯：鄧小樺
執行編輯：莊淑婉
文字校對：周靜怡、蔡建成
封面設計及內文排版：陳恩安

出版：二〇四六出版／一八四一出版有限公司｜發行：遠足文化事業股份有限公司（讀書共和國出版集團）｜社長：沈旭暉｜總編輯：鄧小樺｜地址：103 臺北市大同區民生西路 404 號 3 樓｜郵撥帳號：19504465 遠足文化事業股份有限公司｜電子信箱：enquiry@the2046.com｜Facebook：2046.press｜Instagram：@2046.press

法律顧問：華洋法律事務所／蘇文生律師｜印製：博客斯彩藝有限公司｜出版日期：2023 年 11 月初版一刷｜定價：380 元｜ISBN：978-626-97023-7-4

國家圖書館出版品預行編目（CIP）資料｜超次元・聖戰・多重宇宙：科幻作品中的科學視野與人文思考／李偉才（李逆熵）作 .-- 初版 .-- 臺北市：二〇四六出版，一八四一出版有限公司出版；〔新北市〕：遠足文化事業股份有限公司發行，2023.11｜264 面；14.8×21 公分｜ISBN 978-626-97023-7-4（平裝）｜1.CST：科學 2.CST：通俗作品｜301｜112018769